宝贝，保护好自己

刘思瑾 编著

北方文艺出版社

2022年·哈尔滨

图书在版编目（CIP）数据

宝贝，保护好自己 / 刘思瑾编著. —— 哈尔滨：北方文艺出版社，2022.1
ISBN 978-7-5317-5349-0

Ⅰ.①宝… Ⅱ.①刘… Ⅲ.①安全教育 – 儿童读物 Ⅳ.① X956-49

中国版本图书馆 CIP 数据核字 (2021) 第 205729 号

宝贝，保护好自己
BAOBEI BAOHUHAO ZIJI

作　者 / 刘思瑾	
责任编辑 / 滕　蕾	封面设计 / 深圳·弘艺文化
出版发行 / 北方文艺出版社	邮　编 / 150008
发行电话 /（0451）86825533	经　销 / 新华书店
地　址 / 哈尔滨市南岗区宣庆小区 1 号楼	网　址 / www.bfwy.com
印　刷 / 哈尔滨午阳印刷有限公司	开　本 / 880mm×1230mm　1/32
字　数 / 80 千	印　张 / 5.5
版　次 / 2022 年 1 月第 1 版	印　次 / 2022 年 1 月第 1 次印刷
书　号 / 978-7-5317-5349-0	定　价 / 42.00 元

前言

从十月怀胎，到呱呱落地，在这个漫长而又艰辛的过程中，孕育的不只是新的生命，更有为人父母的欢欣与艰辛，乃至一个家庭的憧憬与希望。每个孩子，都是父母心底最柔软的部分，作为父母，最大的心愿，莫过于希望自己的孩子被这个世界温柔相待，能够健康、平安、快乐地成长，拥有幸福而美满的人生。然而，这个世界迎接孩子的，不仅仅是爱与善意，更有阳光背后的残酷与阴霾。在现实生活中，幼儿受到侵害的各种新闻屡见不鲜。父母虽然想一直守护在孩子身边，为孩子遮风挡雨，抵御一切侵害，但意外却总是让人防不胜防。在和幼儿相关的案卷中，诱拐和性侵是出现次数最多的词汇，其发生频率之高，对孩子及其家庭造成的伤痛影响之深，令人谈之色变，成为当今社会不可言说的痛。

据不完全统计，每年全国失踪儿童的数量高达20万，失踪的孩子被寻回的概率微乎其微，大多骨肉分离，终身再没有机会与父母相见。在丧尽天良、灭绝人性的人贩子眼中，孩子不过是可以待价而沽的物品，或是可以肆意敛财的工具。他们通过坑蒙拐骗，把孩子卖给那些因种种原因，无法拥有自己子女，却渴望享受天伦之乐的家庭。这样固然残忍，更令人发指的是，有些孩子被拐走之后，被刻意折磨致残，被逼迫到街头乞讨为人贩子赚钱，更有甚者，被直接摘取器官贩卖致死，其结局惨不忍睹。

通过媒体和影视作品对于某些极端案例的渲染，"性侵幼儿""猥亵儿童"对于人们来说并不陌生。但在绝大多数人眼中，这种用难以启齿的词汇所描述的肮脏行为，距离自己很遥远，认为自己的孩子在保护周全的前提下，不会给那些扭曲、变态的犯罪分子可乘之机。真的是这样吗？答案是否定的。事实上，"儿童性侵犯"是一个全球普遍存在的重大社会问题。世界卫生组织《2014年全球预防暴力状况报告》指出，全球范围内每5名女性中就有1名、每13名男性中就有1名在18岁之前受到过性侵犯，儿童遭遇性侵犯的平均年龄是9岁。在中国，儿童性侵犯现象并不是人们想象中的"少数极端事件"。在《中国的儿童性侵：对27项研究的元分析》一文中，统计了2002年～2012年间27项中国儿童性侵的研究，得出结论：总体上，中国男童遭遇性侵盛行率（此处的盛行率是指特定时间内遭遇过性侵的儿童比率）是13.8%，女童遭

遇性侵的盛行率是15.3%。而据瑞银慈善基金会发布的《中国儿童与青少年的性侵害》(Sexual victimization of children and adolescents in China)报告,在15岁至17岁的青少年中,男性遭遇性侵的盛行率甚至高于女性(男性7.8%,女性4.7%)。

诱拐、性侵对孩子造成血淋淋的伤害,与孩子的天真烂漫形成的鲜明对比,让人触目惊心。对"幼儿被拐卖""儿童被性侵"等令人义愤填膺的事件,人们通常痛心疾首,社会舆论也会"挥动道德大棒"和"手捧人性之镜",予以强烈批判指责。但"道德"永远是松动的,"人性"永远是幽暗的,痛心与指责并不能弥补孩子所受到的伤害。孩子如同一张洁白无瑕的纸,期待着在父母的呵护下,描绘出七彩美好的童年。因为孩子的认知有限，对诱拐、性侵等概念模糊，通常很难对自己所遭受的侵害做出定义，在遭受侵害时也很难采取相应的积极措施。无论是性侵、猥亵等行为对身体的伤害，还是被诱拐后与亲生父母失散对精神上造成的创伤，在某种程度上，都将成为短时间内"难以修补的伤口"。这种"伤口"隐藏在看不见的地方，将对孩子的心理和认知发展形成巨大的障碍。我们可以设身处地地想，当天真无邪的孩子，在进入可触及的世界时，如果一开始便接触到满满的恶意，人生轨迹被扭曲的可能性就会增加很多。这些孩子的人生轨迹可能就此扭转，而这些伤害也将如影随形，贯穿孩子的成长阶段，甚至伴随其一生。孩子比成人更缺乏自我保护能力和承受伤害的能力。这些伤害对受害者及其家人以及整个社会来说，都是不能承受的痛。

父母都希望自己的孩子在成长过程中，能够避开所有来自外界恶意的伤害，在阳光下健康快乐地成长。但是，希望始终是美好的，而现实往往是残酷的。在这个世界上，一些灰暗地带仍然存在许多"魔鬼"。这些"魔鬼"伪装成普通人潜伏在角落里，窥探着孩子的一举一动，伺机伸出罪恶的黑手。所以，父母仅仅严厉地告诉孩子"不要跟陌生人讲话""背心裤衩盖住的地方不许让别人碰""不要相信别人"，对于提高孩子抵御侵害的能力来说，显然不够。在诱拐儿童的案件中，有近半数是熟人所为！坏人之所以很难被辨别，是因为他们残忍冷血、阴险狡猾，有着无数张伪装的面孔。可能是热心的路人，可能是慈眉善目的老人，也可能是至近的亲人……我们无法直视人心，一一揪出戴着面具、隐藏在暗处的坏人，我们也不可能无时无刻、寸步不离地守在孩子身边。想为孩子的幸福与安全保驾护航，最根本、最直接、最有效的方式是用知识和教育武装好孩子，让他们具备自我保护的意识，拥有感知危险的能力，掌握保护自己的技能，让他们的安全教育不再一片空白，从而远离恶意伤害，为自己的人生增添幸福的筹码。

目录

第一章
这个世界,不是那么安全

1. 测一测孩子的安全指数有多高 / 002
2. 知道我名字的人,可以相信吗 / 007
3. 坏人都长得凶巴巴吗 / 010
4. 要不要做一个乐于助人的热心人 / 012
5. 陌生人都那么可怕吗 / 016
6. 这些标志,你都认识吗 / 020

第二章
遭遇危险时,大胆说出"我不要"

1. 遇到拐卖儿童的犯罪嫌疑人,不要慌 / 024
2. 属于我的私密地带,请不要触碰 / 029
3. 对亲人保守奇怪的秘密,我不要 / 035
4. 被侵犯时,随机应变 / 039

5. 最亲密的朋友，也不要"动手动脚" / 044
6. 没有直接接触身体，就安全吗 / 048

第三章

家与学校之间的安全通道

1. 制作安全地图 / 054
2. 放学不逗留 / 073
3. 告诉家人"我回来了" / 077

第四章

当父母不在家

1. 电梯内，要懂得自救 / 082
2. 进家门后要关好门 / 090
3. 当有人来敲门 / 092
4. 受伤了，不要怕 / 097
5. 做自己的守护神 / 102

第五章

出门在外,安全第一

1. 出行篇 / 110
◎搭乘公交车要注意安全 / 110
◎搭乘地铁要当心紧急情况 / 115
◎搭乘出租车要和父母保持联系 / 122
◎商场、超市购物 / 125
2. 休闲时刻,切莫掉以轻心 / 125
◎水中嬉戏 / 132
◎参观美术馆、博物馆 / 139
◎游乐场游玩 / 144

第六章

面对校园暴力,不要怕

1. 校园暴力的特征 / 152
2. 校园暴力的类型 / 154
3. 遇到校园暴力,怎么办 / 156

第一章

这个世界，
不是那么安全

孩子来到这个世界，见到的是笑眯眯的脸庞，听到的是温柔的话语，获得贴心的照顾。然而，只有我们这些父母知道，这个世界上有太多太多的不安全。

因此，在孩子独自接触这个世界之前，提前教会孩子一些必备的安全常识，让他们既能跟外面的世界亲密接触，又能有足够的自我保护意识和能力，这样才能确保他们的健康成长。

1 测一测孩子的安全指数有多高

"安全指数"是个比较抽象的词,这要结合孩子所处的环境、孩子的安全意识以及父母的安全教育等多方面的因素综合考量。

想知道你的孩子安全指数有多高吗?跟你的孩子开始下面的安全小测试吧。

安全测试

A 如果你独自在小区楼下玩,有陌生的阿姨拿吃的东西给你,你会怎么办?如果陌生的阿姨一定要你吃她的东西,怎么办?

参考答案:
- 绝对不能吃陌生人给的食物。
- 如果陌生人一定要你吃她的东西,马上向附近的小区保安或者熟悉的邻居、长辈求助。
- 如果周围没有可以求助的人,马上回家。

B 如果你独自在外面,有陌生的叔叔或者阿姨请你带路去附近的某个地方,怎么办?

参考答案:

- 如果陌生的叔叔或者阿姨只是问路,可以站在原地指一下路线。
- 如果对方请你带路,绝对不能去,即使是非常近的地方;可以让他找大人带路,或者说,"我帮你叫警察帮忙"。
- 如果对方纠缠你甚至强迫你带路,要马上大声呼喊,引起路人的注意。

C 如果你自己走在路上,发现身后有人一直跟随着你,怎么办?

参考答案:

- 往人多的大路上走,一定不要走到人少的小路或者胡同里去。
- 如果路边有警察或者小区保安,马上向他们求助。
- 如果附近有大的商铺,向商铺的店员求助,并及时打电话给父母。

D 如果你和父母在商场走散了,过来一个阿姨说"我带你去找妈妈",怎么办?

参考答案:

- 一定不能跟着不认识的人走。
- 向商场的工作人员求助,请他们广播找父母或报警。

E 如果你独自在家,有陌生人敲门说是来查燃气表或者电表的,怎么办?

参考答案:

- 一定不能给陌生人开门,不管他是做什么的,不管他找什么理由都不能开。
- 如果对方一直不走,或者开始踢门、撬门,马上打电话给父母或者报警。
- 如果对方是送快递或者其他东西,让他放在门口,等他走了之后也一定不要开门。
- 自己单独在家的时候可以把电视机打开并且调大音量,让人以为家里有大人在家。

F 如果放学的时候家里没有人来接你,有不认识的人喊出你的名字并且说是你的妈妈让他来接你,怎么办?

参考答案:

- 千万不能跟他走。
- 向学校保安或者老师求助,请他们打电话和父母确认。
- 如果对方拉着你走,一定要大声呼救。

G 如果你自己在路上走,遇到不认识的阿姨请你帮忙找走丢了的小朋友,怎么办?

参考答案:

- 一定不能去。
- 正常情况下,大人是不会找孩子帮忙的,遇到这种情况一定要提高警惕。

上面的几道题问完了,你对孩子的安全指数也就有了大概的了解。当然,这几道题不能完全覆盖孩子在生活中遇到的所有情况,这只是几个有代表性的例子。通过这几个例子,你可以发现孩子对待安全问题的态度和对陌生人的心理防卫程度。在此基础上,你才能有针对性地给孩子具体而全面的引导。

② 知道我名字的人，可以相信吗

随着微信、QQ等手机社交软件的普及，越来越多的人喜欢在这些社交软件上分享自己的生活。尤其是宝爸宝妈们，恨不得把自家宝贝的可爱之处向全世界分享。不过，分享的时候要尤其注意保护隐私，如手机定位、学校的名称，以及孩子的名字，这些都要注意隐藏起来。

不过，即便如此，一些别有目的的人还是能从其他渠道得到孩子的信息。例如，幼儿园小朋友的衣服上都会印上名字或者绣上名字贴，水壶和书包上面也经常会贴着名字；一些教辅机构以试课的名义获取孩子的信息。再或者一些别有用心的人跟在孩子的后面，听到别人喊孩子的名字，也能得到孩子的信息。

因此，陌生人叫出孩子的名字，并不是什么稀奇的事情。一定要告诉孩子，如果有陌生人叫出他的名字并且说认识他或者家人，一定要提高警惕。知道自己名字的人不一定是认识的人，更不一定是可以信任的人。

为了让孩子的印象更加深刻，你可以跟他进行下面的安全小测试：

安全测试

A 上学路上,有陌生人喊你的名字,说"你爸爸让我送你上学",怎么办?

参考答案:

- 一定不能相信,更不能上车或者跟着他走。

B 放学的时候,有陌生人喊你的名字,说"你妈妈没时间来接你,让我接你回家",怎么办?

参考答案:

- 一定不能相信。
- 要找学校保安或老师打电话和父母确认。

C 自己独自在家的时候,如果有陌生人来敲门,喊出你的名字,说"你爸爸让我来给你送东西",怎么办?

参考答案:

- 一定不能相信。
- 可以让他把东西放在门口,并且给父母打电话确认。

D 在小区楼下独自玩的时候，有陌生人喊你的名字，让你跟他去家里玩好玩的东西，怎么办？

参考答案：

- 一定不能相信他，更不能跟着去。

E 在商场或者游乐场跟家人走散，有陌生人喊你的名字说"我认识你，我带你去找你的妈妈"，怎么办？

参考答案：

- 一定不能相信。
- 要找商场或者游乐场的工作人员帮忙。

总之，一定要让孩子明白，知道你名字的人不一定是可以信任的人。父母平时也要多注意，尽量避免泄露孩子的具体信息。

3 坏人都长得凶巴巴吗

一说到坏人,你会想到什么形象?

是吃掉了小红帽和外婆的大灰狼,还是葫芦兄弟里面的蛇精?或者是脸上有刀疤、胳膊上有文身、戴着墨镜的男人?

一说到坏人,孩子会想到什么形象?

是红色的眼睛,还是毛茸茸的大爪子?

实际上,我们在日常生活中很难单纯地从外貌上辨别出一个人是不是坏人。绝大多数的人都是普通人,长得普普通通的样子。坏人的脸上并没有写着字。

值得注意的是,在针对孩子的犯罪中,坏人往往都是伪装成和蔼可亲、热情亲切或者可怜兮兮的样子,让涉世未深的孩子放松警惕。

另外,在一些针对孩子的猥亵、性侵犯案件中,大多数是熟人作案。

也就是说,坏人并不一定是凶巴巴的陌生人,平时笑眯眯的亲戚、朋友也有可能摇身一变,成为孩子的噩梦。

因此,父母在对孩子进行安全教育的时候,一定要注意下面这几点:

· 坏人并不都是长得凶巴巴的样子。

· 有的坏人看上去很亲切,感觉就像邻居家的阿姨、爷爷、奶奶一样亲切,他们有的时候还会拿出好吃的、好玩的东西来诱导孩子,遇到这种情况千万不能上当。

·判断一个人是不是坏人,不要只看他的外貌,更重要的是要看他的行动和目的。

·如果一个人的行为让你感觉不舒服或者很奇怪,不管这个人是邻居还是亲戚朋友,都要坚决拒绝并快速离开。

另外,在日常生活中,父母要经常跟孩子进行交流,形成父母和孩子之间的良性互动,让孩子不管有什么事情都乐意向父母分享。只有孩子无条件地信赖父母,才能将遇到好的、不好的事情都跟父母倾诉。一旦有陌生人骚扰、伤害了孩子,父母才能帮孩子解决问题,减轻心理压力和心理伤害,并能及时让坏人得到应得的惩罚。

4 要不要做一个乐于助人的热心人

"乐于助人"一直是我们所倡导的社会正能量。在我们遇到困难的时候,都希望能有人来帮助我们。当我们看到别人需要帮助而我们正好有能力帮忙的时候,也会尽量帮上一把。

但是对于孩子来说,我们既不希望他们因为"乐于助人"而受到伤害,也不希望他们对别人漠不关心。因此,就需要他们在"乐于助人"和"保护自己"中做到平衡。

在孩子遇到需要帮忙的人和事的时候,需要结合具体情况来判断:

要不要帮?

怎么帮?

①要不要帮

·如果孩子是和父母在一起,遇到需要帮助的人,在自己的能力范围内,当然可以帮。

·如果孩子是独自外出,遇到需要帮助的人,则需要结合下面一点看具体情况。

②怎么帮

·保持安全距离。

遇到陌生人寻求帮忙,不要靠得太近,不要让陌生人触摸。

保持大概两个胳膊长度的距离是比较安全的距离。万一遇到紧急情况，这个距离可以保证孩子迅速做出反应逃离或者大喊。

·原地帮忙。

原地帮忙的意思就是，不要因为帮忙而跟着陌生人到别的地方去。如果是需要指路，只要告诉对方怎么走就行了，千万不能带路，尤其不能上对方的车来带路。

·找别人帮忙。

如果遇到超过自己能力范围的事情，或者明显不合理的事情，如大人找孩子帮忙拿重物、找东西、找人，都要拒绝。拒绝的方式多种多样的，可以说"请你找大人帮忙吧"或者"我帮你找警察叔叔帮忙吧"。

通过下面几个安全小测试，可以帮助孩子复习，加深印象。

安全测试

A 孩子独自在外面，有大人请你帮忙带路到附近的地方，怎么办？

参考答案：
·可以指路，但是一定不能带路。

B 孩子独自在外面,有小朋友找不到家人,在路边哭,怎么办?

参考答案:
- 找附近的警察帮忙或者找大人帮助报警。
- 即使小朋友能说出家在哪里也不要送他回去,要找大人或者警察帮忙。

C 孩子独自在外面,有怀孕的阿姨身体不舒服,请你送她回家,怎么办?

参考答案:
- 一定不能送。
- 可以找大人,或者找警察帮忙。

D 孩子独自在外面,有人问路,怎么办?

参考答案:
- 如果知道的话,可以帮忙指路。(绝对不能带路)

E 孩子独自在外面，遇到有叔叔请你帮忙找走丢的狗狗，怎么办？

参考答案：
- 一定不能去。
- 正常情况下，大人是不会找孩子帮这样的忙的，遇到这种情况一定要提高警惕。

5 陌生人都那么可怕吗

为了保障孩子的安全,有的父母会教育孩子"不要和陌生人说话",并且讲一些孩子被陌生人拐走的案例,让孩子觉得"陌生人"="坏人",陌生人非常可怕。

然而,陌生人真的那么可怕吗?

孩子总是会遇到跟陌生人交流的机会,而且过早地把陌生人跟危险连接在一起,会不利于他们建立自信。如果完全禁止孩子和陌生人交流,还容易导致孩子性格内向、胆小害怕,不利于他们的人际交往,甚至影响他们成年以后的社交和生活。

所以,父母最应该做的,是教会孩子怎样在保证安全的前提下,与陌生人打交道。既要有礼貌,又要保持足够的警惕性。

①并不是所有的陌生人都是坏人

陌生人和坏人是不能够画等号的。认识到这一点,才能克服对于陌生人的恐惧,学习建立正常的社会交往。

②父母在场的时候,积极与陌生人聊天、互动

我们平时会遇到很多对我们抱有善意的陌生人,当我们身边有父母在场的时候,可以与他们积极聊天、互动。

③对陌生人的求助、搭讪要保持礼貌

"礼貌待人"是一种非常好的待人接物的方式。我们不仅在

对待亲人、朋友、老师、同学的时候,要有礼貌;在对待陌生人的时候,也要有礼貌。

如果是陌生人要问路求助,那么可以有礼貌地帮忙指路。

如果对陌生人的搭讪感觉不对劲,可以有礼貌地拒绝并走开。

有时候陌生人会拿出一些糖果、玩具,这时不要被他们的诱惑吸引,可以礼貌地说"谢谢叔叔,但妈妈不让我拿别人的东西"。

④与陌生人保持一定的安全距离

与陌生人接触的时候不能靠得太近,如果对方与你有身体接触,要拒绝并且马上拉开距离,大约两个胳膊长度的距离为安全距离。在有安全距离的前提下,遇到危险时,你才能有时间做出反应并且逃离或者大声呼救。

⑤大胆拒绝

如果陌生人的要求不合理或者感觉不对劲,马上拒绝并离开。你可以说"不好意思,我现在有事要马上回家",或者"你找别人帮忙吧"。

⑥遇到紧急情况,大声呼救

遇到紧急情况的时候,如被陌生人强行拉着走的时候,要大声呼救。如果身边没有警察,就向身边的其他人求助。可以大声喊"叔叔、阿姨,我不认识他,你们救救我",或者"叔叔、阿姨,我不认识这个人,快帮我打电话报警"。

⑦警惕网络陌生人

在网络日益普及的今天，很多孩子学会了上网。有很多聊天工具给了坏人可乘之机。父母要提醒孩子特别警惕网络上的陌生人，不要透露自己的隐私，更不要约见不认识的网友。

安全测试

A 独自在家，有陌生人来敲门，说你的父母受伤了在医院，要接你去医院，怎么办？

参考答案：
- 一定不能开门。
- 不能随便相信陌生人的话，要打电话给父母确认情况。

B 独自在家，有人来敲门说自己是警察，让你开门跟他走。

参考答案：
- 一定不能开门。
- 打电话给家里人，请他们尽快回来。

C 跟父母在外面，有陌生人跟你聊天，怎么办？

参考答案：

- 有家人在的情况下，可以有礼貌地跟陌生人聊天、互动。

D 独自在外面，有陌生人过来找你聊天，问很多个人信息，例如，叫什么名字，住在哪儿，你的父母去哪儿了，怎么办？

参考答案：

- 如果陌生人问很多个人信息，要提高警惕。
- 不要透露自己的信息，可以说，"不好意思，我还有事情"，然后走开。

E 独自在外面，有陌生人来告诉你他是你某个同学的父母，想让你去他家玩，怎么办？

参考答案：

- 一定不能跟他走。
- 委婉地拒绝，如告诉对方"我今天有事情，改天再去吧"。
- 事后一定要跟父母说，让他们询问相关同学的父母有没有这样的事。

6 这些标志，你都认识吗

出门在外，不管是过马路还是逛商场、逛公园，都有很多的安全警示标志。认识这些安全警示标志，对于孩子来说非常重要。

下面是一些孩子经常接触到的、应当掌握的安全警示标志及示意图标。父母可以将各类标志融合到安全游戏中去，让孩子在游戏中记住这些标志的名称和用途。

交通类

 红绿灯　 当心车辆　 请走斑马线　 禁止通行

生活类

 小心路滑　 小心楼梯　 禁止触摸　 禁止踩踏

 禁止攀爬	 禁止饮食	 非饮用水
 垃圾桶	 紧急出口	 安全通道
 男卫生间	 女卫生间	 灭火器
 小心触电	 剧毒物品	 当心火灾

第二章

遭遇危险时，大胆说出"我不要"

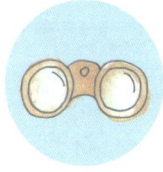

孩子在遇到危险的时候，有时候并不能像成年人一样能迅速做出反应并且坚决拒绝。尤其是遇到有些许身体接触或者根本没有身体接触的比较隐蔽的性侵犯行为，孩子往往因为分辨不清或者心里害怕而不敢拒绝。

因此，教会孩子辨别危险，并且大胆说出"我不要"是非常重要的一件事。

1 遇到拐卖儿童的犯罪嫌疑人,不要慌

犯罪嫌疑人拐卖儿童的套路多种多样,防不胜防。父母一定要教育孩子不能跟陌生人走,出去玩的时候要告诉家里人要去哪里、和谁玩,尽量与同伴一起。如果不认识的人要把自己带走,最好的办法是大声喊"救命",也可以说"我不认识这个人,快帮我报警"。这样就会立刻引起周围人群的注意,及时得到救助。看见别的小朋友被不认识的人带走,也要大声喊"救命"。

①要让孩子了解犯罪嫌疑人拐卖儿童的套路

一般来说,诱拐孩子分为陌生人作案和熟人作案两种。

熟人作案的相对来说比较少。不过,也不能不防。有些人虽然算是熟人,但是却难以知根知底。例如,在小区里见过几次面、聊过几次天的邻居,平时经常送快递的快递员、外卖员等。这些人就算是熟人,也不能完全信任。

对于熟人,平时可以跟孩子一起列出一份可信赖名单,也就是说,除了父母,还有哪些人是可以放心地让孩子跟着走的。这个名单列好之后,名单之外的人就一定不能让孩子完全信任地跟着走。如果是可信赖名单之外的熟人对孩子提出某些要求,要让孩子坚决拒绝,并且回家之后跟父母说。

对于陌生人来说,他们想要诱拐孩子,都是用"骗"的。用各种谎言、各种套路欺骗孩子跟他们走。所以,父母要教会孩子

识别他们的谎言和骗局。

·陌生人询问孩子各种隐私信息,坚决不能理会,不能告诉他,更不能跟着他走。

有人会假装聊天,问孩子叫什么名字、在哪个学校读书、家住哪儿、父母去哪里了等一些涉及隐私的信息,这时候就要引起警惕,不要告诉他。

·有陌生人假装熟人来搭讪,坚决不能理会,更不能跟着他走。

有人会假装认识孩子的父母,说是他们让他来接孩子去某个地方;有人会假装成孩子同学的父母,让孩子去他家玩;甚至还有人会假装成警察、消防员,让孩子跟他走。遇到这样的情况,一定不能跟着走。

·陌生人向孩子寻求帮助,一定要警惕。

有些拐卖儿童的犯罪嫌疑人利用孩子的同情心和善良,假装向孩子求助,如让孩子带路,帮助找人、找宠物,扶自己回家,或者帮自己把东西拿回家。父母要告诉孩子这些忙都不能帮。要让孩子谨记,正常情况下,大人是不会找孩子帮忙的。如果有陌生人向孩子提出这样的要求,可以让他去找成年人,或者找警察帮忙,并且赶紧走开。

·陌生人用好吃的、好玩的引诱孩子,一定不能上当。

拿好吃的、好玩的东西来引诱孩子,是拐卖儿童的犯罪嫌疑人常用的伎俩。

"我车上有好玩的玩具,你跟我去拿。"

"那边有小花猫,我带你去看。"

"我带你去新开的游乐场玩吧。"

"我带你去那边超市买超级好吃的棒棒糖。"

"我这儿有好吃的,给你吃一个。"

这些全都不能相信,不能跟着去,就算是陌生人把好吃的递过来也不能要。

· 陌生人编造可怕的事情吓唬孩子,也不能相信。

有些拐卖儿童的犯罪嫌疑人会编造一些可怕的事情来吓唬孩子,让独自在家的孩子打开门跟他走。

"你父母被车撞了,快跟我去医院吧。"

"你爸爸被警察抓走了,快跟我走吧。"

"你家楼下起火了,快打开门跟我下去吧。"(这里要注意辨别,如果真的是起火了,会有很多人冲出来往外跑,也会有消防车警笛的声音。如果楼道里都静悄悄的,没有声音也没有看到火苗烟雾,就不能轻易开门跟着他走。)

②要教孩子正确的应对方式

应对狡猾的拐卖儿童犯罪嫌疑人,最重要的一点就是"不要慌"。无论对方说什么,都不能轻易地被说服跟着对方走。

如果遇到询问隐私信息的人,要不予理会,赶紧走开。如果遇到寻求帮助的人,指路可以,带路绝对不行,其他的忙都不能帮。如果对方纠缠不休,一定要赶紧走开,必要的时候要大声呼救引起周围人群的注意。

③如果被强行带走,要大声呼救

如果对方要强行拉、拽甚至抱走孩子,一定要大声呼救。可以冲着周围喊：

"我不认识你！"

"叔叔阿姨快帮我报警，我不认识这个人！"

必要的时候，可以通过故意损坏他人的物品来得到他人的关注和帮助。例如，抢过路人的手机摔破，捡起石头向旁边停着的车扔过去，这样的话，东西被损坏的人就会拦住拐卖儿童的犯罪嫌疑人并且报警。

安全测试

A 如果独自在小区里玩，有经常见面的同一小区的人说他家里新买了玩具，让你跟着去他家玩，怎么办？

参考答案：

- 一定不能跟着去。
- 如果真的很想去玩，回家让父母带着你一起去。

B 如果独自在公园里玩，有陌生的阿姨来请你帮忙去附近的洗手间里找人，怎么办？

参考答案：

- 一定不能去。
- 可以让她找大人帮忙。
- 如果她一直纠缠不休，就大声拒绝并且马上走开。

C 如果独自在路上走,有人喊你的名字说是你的某个亲戚,要带你去游乐场玩,怎么办?

参考答案:

- 一定不能去。
- 如果他一直跟着你,就找附近的警察或者商场里的保安求助。

D 如果独自在家里,有人来敲门说自己是警察,你的父母出事了要带你去,怎么办?

参考答案:

- 一定不能相信,更不能开门。
- 打电话给家人确认情况。

E 如果独自走在路上,有陌生人喊你的名字然后拉着你的手就走,还假装是你的爸爸跟你说话,怎么办?

参考答案:

- 使劲挣扎,不要跟着走。
- 大声喊:"我不认识你!不要抓我!"
- 大声向周围的人求救:"叔叔阿姨救救我!我不认识他!帮我打110!"
- 如果有可能,破坏周围人的贵重东西,如手机、包包、汽车玻璃等。

② 属于我的私密地带，请不要触碰

对于儿童的性教育，很多父母并没有引起重视，或者说不知道要在什么时候，用什么方式跟孩子交流关于"性"的知识。但是，在儿童的成长过程中，又必然会涉及很多与性有关的问题。孩子懵懵懂懂，如果不能够从父母那里得到及时、真诚、坦率、有效的帮助和指导，那么对于孩子的健康成长是非常不利的。相反，如果孩子能从父母那里得到及时而正确的性教育以及真诚坦率的帮助和指导，那么肯定会对他们一生的成长和幸福产生无可替代的积极作用。

当孩子能够理解性观念的时候，父母就应该用尽量科学的语言告诉孩子一些关于性的常识，只有这样孩子才会很自然地接受性知识，才会有坦荡的心态，也不会觉得这个话题不可言说。记住，这时候千万不要言语含糊、遮遮掩掩。

有专家建议，对孩子的性教育可以从幼儿时期就开始，而很多父母却认为可以等孩子到了青春期的时候再跟孩子谈论关于"性"的话题。的确，孩子在青春期开始性发育，会遇到很多与性发育有关的问题，此时非常需要父母及时的、有效的帮助。但是，这并不是最好的时机。

"性教育"涉及的范围非常广泛，如孩子提出"我从哪儿来""为什么男孩、女孩尿尿的姿势不一样"这种问题的时候，就表明父母需要开始对孩子进行"性教育"了。

最开始的性教育,需要从对隐私部位的认识和保护开始。

①父母需要告诉孩子哪些身体部位属于隐私部位

讲的时候不要含含糊糊、扭扭捏捏,要大大方方地告诉孩子身体隐私部位的科学名称。男性的阴茎、阴囊和臀部是男孩的隐私部位;女性的乳房、乳头、阴户和臀部是女孩的隐私部位。或者简单来说,就是男孩裤衩盖住的地方是隐私部位,女孩背心和裤衩盖住的地方是隐私部位。父母在教孩子认识隐私部位的时候,可以找一些图片,让孩子看着图片对照自己的身体,也可以在洗澡的时候进行性教育,这样可以达到更好、更直观的效果。

②父母要告诉孩子,隐私部位不能随便让他人看、摸,也不能随便看、摸他人的隐私部位

孩子对于隐私部位的好奇是在所难免的。他们会对自己身体隐私部位感到好奇,会去触摸隐私部位,也会对异性同伴的身体感到好奇。这些都是非常正常的事情。但是,我们要告诉孩子,隐私部位不能随便暴露,不能随便让他人触摸。无论任何人,包括父母、爷爷奶奶、亲戚朋友、老师等都不可以随便看或触摸隐私部位。对于他人的隐私部位,也一定不能随便触摸。

当然,隐私部位不能让别人随便摸,对于小孩子来说,有时候是有例外的。

例如,孩子小的时候,洗澡需要大人帮忙,那么洗澡的时候需要清洗隐私部位,是可以摸的。但是,也要尽早教会孩子自己

洗澡，自己清洗隐私部位。

例如，孩子小的时候，上完厕所需要父母或者幼儿园老师帮忙擦屁股，这时候可能会触摸到隐私部位，这种触摸是可以的。同时，父母也要尽早教会孩子自己擦屁股。

再例如，到医院检查身体的时候，医生可能会触摸孩子的隐私部位。如果有父母在旁边陪着，这种触摸也是可以的。

除了上面这几种情况之外，还要告诉孩子，如果有人想摸你的隐私部位或让你触摸他的隐私部位，不管这个人是谁，不管他是熟悉的人还是陌生人，不管他是老师还是同学或是亲戚朋友，都要勇敢地拒绝，并且赶紧离开，或者跑向人多的地方，并且一定及时告诉父母。

有些人可能会带给孩子非自愿的身体触摸，如父母的朋友、亲戚，或者具有权威性的医护人员、教学人员、工作人员、管理人员等，要告诉孩子，不要因为对方的特殊身份而羞于拒绝或者选择默默忍受。

需要注意的是，有时候很多触碰可能并不触及隐私部位，但却令孩子感觉不舒服或讨厌，这时候要告诉孩子相信自己的感觉，坚定地跟对方说"不"。要让孩子知道，他对自己的身体拥有绝对的支配权和所有权。无论是陌生人还是熟人，只要遇到这种让自己不舒服的触摸，就有权利说："不，我不愿意。"

当然，这种意识也需要父母对孩子从小培养。孩子小的时候，如果不喜欢被不熟悉的人抱，就不要让对方抱孩子。如果孩子不喜欢被人摸头、摸脸蛋儿，就不要勉强，鼓励他把自己的感受大声说出来。同时，父母与孩子之间要用恰当的、让孩子感觉舒服和安全的接触方式作为情感的表达方式。在生活中给予孩子更多的关爱和陪伴，与孩子多交流，相信孩子，尊重孩子，保护孩子。只要对孩子从小这样培养，孩子自然就会对不正常的、让自己不舒服的触摸坚决地说"不"。

为了防患于未然，父母不要把孩子托付给不知根底的人，尤其是异性，更不能让他跟孩子单独相处。孩子的判断能力非常有限，他们往往会觉得父母信任的人就可以完全信任。

③隐私部位需要卫生和安全

要告诉孩子，洗澡的时候别忘了清洗隐私部位，并且教会孩子正确的清洗方法。同时，也不能用不干净的手或者别的东西接触隐私部位。

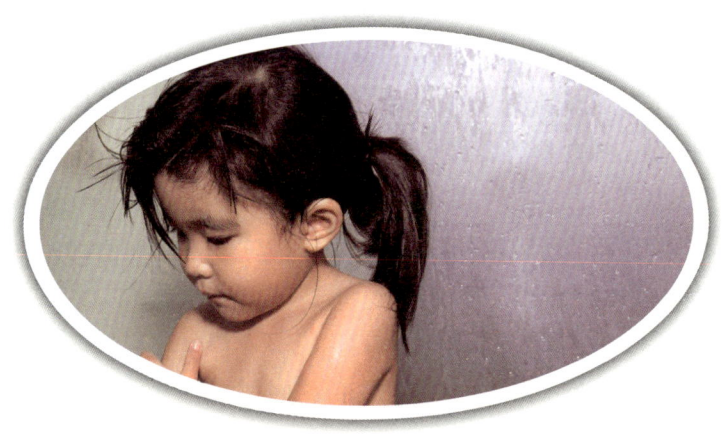

安全测试

下面哪些情况下需要勇敢地说"不"?

A 熟悉的人把你带到一个隐秘的地方,让你脱下衣服或裤子,摸你的隐私部位。

参考答案:

- 一定不可以。
- 要拒绝并且跑开,及时告诉父母。

B 在一个隐秘的地方,让你摸他身体的某个地方。

参考答案:

- 要坚决拒绝并且尽快离开,及时告诉父母。

C 在一个隐秘的地方,让你看他的裸体或隐私部位。

参考答案:

- 要坚决拒绝并且尽快离开,及时告诉父母。

D 父母帮忙洗澡，清洗你的隐私部位。

参考答案：

- 没有问题。
- 不过你要尽快学会自己洗澡和清洗隐私部位。

E 有人在公交车、电影院等公共场所摸你身体的隐私部位。

参考答案：

- 一定不可以。
- 要大声拒绝并且尽快离开，及时告诉父母。

F 在幼儿园里上完厕所老师帮忙擦屁股。

参考答案：

- 没有问题。
- 不过你要尽快学会自己擦屁股。

G 有人把你带到一个隐秘的地方，用他身体的某个部位，如生殖器或者嘴巴，接触你身体的隐私部位。

参考答案：

- 一定不可以。
- 要大声拒绝并且尽快离开，及时告诉父母。

3 对亲人保守奇怪的秘密，我不要

很多对孩子实施侵犯的人，尤其是涉及性侵犯的人，会用威胁或者贿赂引诱的方式，让孩子保守所谓的"秘密"。一旦孩子真的保守了这种秘密，那么孩子受到的侵害就会一直持续，并且越来越严重，给孩子留下生理和心理的双重煎熬和恶劣影响。

所以，父母要提前告诉孩子，对于别人提出来的要"保守秘密"的问题，应该怎么分类处理，哪些是可以保守的秘密，哪些是绝对不能保守的秘密。

①对于日常生活中无关紧要的小秘密，可以保守

一些日常生活中的小秘密，不损害谁的利益，如同学出糗了，调皮捣蛋了，或者一起去买好吃的等，这种小秘密可以保守。当然，对于亲子交流比较顺畅的家庭来说，这些小秘密孩子通常也会跟父母说，不过附加一个条件"不许说出去"。这时候，父母一定要忍住"八卦"的心，一定要一起保守这个秘密。否则，孩子以后再也不会跟你分享他的小秘密了。

②对于牵扯到利益纠纷和伤害的秘密，一定不能保守，要及时跟父母讲，寻求帮助

牵扯到利益纠纷和伤害的秘密，包括高年级的孩子欺负人了，有人拦路敲诈勒索了，幼儿园老师虐待孩子了，邻居家叔叔猥亵

甚至性侵孩子了，这些事情绝对不能当成秘密来保守。

另外，还要让孩子知道，不保守坏人的秘密，这是正确的，也是符合社会行为规范的。每个人都有面对侵害不遵守诺言的权利。父母一定要告诉孩子，即使他曾发誓不告诉别人，但是事后一定要告诉父母，这些秘密千万不要埋藏在心里，父母和警察都有办法惩治坏人。

值得一提的是，要让孩子讲真话，不保守坏人的秘密，父母首先需要完全相信自己的孩子，完全站在孩子的立场帮助他。父母还需要向孩子保证，无论发生什么事情，只要孩子讲真话，父母都不会怪他，而且会尽全力来帮助孩子。例如，在性骚扰事件中，如果孩子向父母诉说，却没有得到父母的信任和帮助，这种骚扰往往会一直持续下去，给孩子带来巨大的伤害。

安全测试

下面这些秘密，哪些是绝对不能保守的？

A 你的好朋友吃饭的时候丢掉了不爱吃的青菜，要你帮他保守秘密，怎么办？

参考答案：
- 这个秘密可以保守，当然，你也可以跟妈妈说，但是一定要告诉她帮你保守这个秘密。

B 你去邻居家玩的时候，邻居家的叔叔给你看色情的图片，还让你保守秘密，怎么办？

参考答案：

· 这个秘密一定不能保守。
· 拒绝并且赶紧离开邻居家，回家告诉父母这件事情。
· 以后不要去邻居家玩，更不能跟这个叔叔单独相处。

C 你在放学路上遇到拦路的高年级学生，要你交出零花钱，并且谁都不能告诉，怎么办？

参考答案：

· 这个秘密一定不能保守。
· 如果对方人多势众或者比你大很多，你可以先拿出零花钱给他们，然后马上回家。
· 回家以后要告诉父母，他们会帮助你。

D 你的一个亲戚在没人的时候要摸你的隐私部位，并让你保守秘密，怎么办？

参考答案：

· 这个秘密一定不能保守。
· 马上拒绝并且离开，回家及时告诉父母。
· 以后坚决不能跟这个亲戚独处。

E 你在幼儿园被老师打哭了,老师让你不要回家说,怎么办?

参考答案:

- 这个秘密一定不能保守。
- 回家之后及时跟父母说,他们会处理。

F 你的好朋友考试不及格,让你帮他保守秘密,怎么办?

参考答案:

- 这个秘密可以保守。
- 如果可以,就帮你的好朋友补习一下功课,争取下次能取得好成绩。

④ 被侵犯时，随机应变

针对未成年人的性侵害一般都是比较隐蔽的，不容易被发现。即使被发现了，由于受害者年纪小，或者父母受到贞操文化的影响，往往也会选择不去报案。另外，很多未成年人的性侵害案件都是熟人作案，大部分犯罪嫌疑人有一定的社会背景，父母为了保护孩子也可能会选择沉默。

但是，性侵害给孩子带来的伤害是巨大的，多数孩子将会一辈子生活在性侵害所带来的阴影当中。

在短期内，性侵害会对受害孩子的身心健康产生影响。从长期看，对孩子的性格、心理和成长都会产生不良影响。试想一下，如果伤害孩子的人非但没有受到惩处，还正常地生活在受害孩子的身边，对其一直构成威胁，肯定会让孩子产生一定的恐惧，甚至出现自闭和性格扭曲。但是，孩子与成人之间存在力量悬殊的现状，也不能让孩子不顾后果地反抗。

因此，父母要教会孩子，一旦受到侵犯，要学会随机应变。

①在跟别人的日常接触中，一旦感觉到不太正常或不舒服，就要想办法尽快离开。要保持冷静，多想办法，瞅准机会跑开

②需要注意的是，此时一定不要激怒对方，否则有可能给自己带来生命危险。尤其是对于陌生的性侵犯者，激怒对方的危险更大

③如果孩子自己的力量实在有限，无法反抗侵犯者，也没有机会逃离，就要暂时顺从对方，保护自己的生命要紧

④如果在实在无力反抗的情况下被侵犯，一旦离开以后一定要及时告诉父母，父母要立即报警，并且及时带孩子去医院检查身体

需要父母注意的是，虽然我们可以教孩子怎么对付坏人，怎么与他们周旋，但最重要的还是防患于未然。平时注意不要把孩子托付给不知根底的人，尤其是异性，更不能让他跟孩子单独相处。

另外，父母还要学会"察言观色"。不仅要注意孩子的生理变化，还要注意他们的心理变化。如果原本外向活泼、性格开朗的孩子突然变得沉默寡言，父母要及时与孩子沟通，跟孩子的同学、朋友以及老师了解情况，并且及时、有效地帮助孩子。

安全测试

A 在邻居家和小伙伴玩,邻居家的爷爷让其他人都出去玩,只留下你自己,说有事情要跟你说,怎么办?

参考答案:

- 一定不要单独留下。
- 找个借口,可以说自己有事情要马上回家,然后跟小伙伴一起走。
- 回家之后一定要告诉父母。
- 以后尽量少去邻居家玩,更不能跟邻居家爷爷单独相处。

B 去邻居家找小伙伴玩,邻居家只有叔叔一个人在家,看到你就让你进去,关上门说有好玩的东西给你看,结果打开电视出现一些污秽的画面,怎么办?

参考答案:

- 找借口赶紧走,可以说妈妈还在家里等着,不马上回去的话妈妈会来找。
- 不要说一些激怒对方的话。

C 放学之后被老师叫到办公室，没有别人的情况下，老师关上门，触摸你的隐私部位，怎么办？

参考答案：

- 一定要坚决拒绝并马上离开办公室。
- 如果老师不让走，就找个借口，可以说妈妈或者同学在外面等着你。
- 回家后一定要告诉父母。
- 以后坚决不能跟这个老师独处。

D 在幼儿园里，老师无端地让你脱掉衣服，并且触摸隐私部位，怎么办？

参考答案：

- 坚决拒绝没有理由的脱衣服。
- 坚决拒绝老师的触摸。
- 如果对方继续，就大声哭，使劲哭。
- 回家一定要告诉父母。

E 在公交车上，有陌生人站在你的身后，偷偷用手摸你的隐私部位，怎么办？

参考答案：

- 赶紧躲开，离他远远的。

- 如果对方跟过来继续非礼,就大声喊"你不要摸我",然后找司机或者售票员求助。
- 下车以后往人多的地方走,不要去人少的地方,打电话让家人或者朋友来接自己。

F 被陌生人劫持到陌生的地方,在无法反抗的情况下被猥亵、侵犯,怎么办?

参考答案:
- 如果力量悬殊,对方又穷凶极恶,千万不要激怒对方。
- 先假装顺从,然后再伺机逃跑,寻求帮助。

G 在亲戚家被长辈触摸隐私部位,怎么办?

参考答案:
- 坚决拒绝对方的触摸并且马上离开。
- 回家之后告诉父母。
- 以后坚决不能跟这个长辈独处。

5. 最亲密的朋友，也不要"动手动脚"

很多父母存在疑惑，到底要怎么跟孩子沟通性方面的问题？怎么跟孩子解释一些他们容易混淆的事情？怎么跟孩子解释什么样的接触是好的，什么样的接触是不好的？怎样区分正常的接触和不怀好意的接触？好朋友之间的接触如何掌握分寸？

首先，父母要帮助孩子了解自己的身体。可能很多父母会觉得不好意思，说得含含糊糊，或者用代称。其实，这种关键部位不仅要让孩子有正确而科学的认识，还要告诉他们，只要涉及身体的隐秘部位，大人、老师的话不一定全对，老师的要求也不是全都要听的。

其次，如果孩子的年龄过小，他们还不能理解父母所担忧的性侵的意思，那么父母可以试着告诉孩子什么是不恰当的触摸。

在日常生活中，我们跟孩子之间，孩子和同学、朋友、老师之间会有很多种触摸。与孩子讨论不同种类触摸的区别，让孩子区分清楚什么是好的触摸，什么是不恰当或有害的触摸，这是非常重要的事情。

简单来说，好的触摸是孩子所喜欢的，如父母、朋友的拥抱，手拉手；不恰当的触摸是孩子感觉不对、不舒服的触摸，如打、拍、踢或触摸隐私部位。总之，判断触摸，要以孩子的感受为准。

如果孩子感到迷惑，这也是不好的触摸。

所以，孩子跟朋友之间，也要掌握好一个触摸的"度"。并不能因为是朋友就可以随随便便，更不能为了维持这种"友谊"而任由对方对自己"动手动脚"。

安全测试

下面哪些情况需要勇敢地说"不"的？

A 和好朋友见面之后对方热情拥抱你。

参考答案：
- 如果你感觉很高兴，这就是正常的、好的触摸。
- 如果你觉得别扭，就可以不跟对方拥抱。

B 和好朋友手牵手逛街。

参考答案：
- 如果你感觉很高兴，这就是正常的、好的触摸。
- 如果你觉得别扭，就可以不跟对方牵手。

C 和好朋友单独在家，对方触摸你的隐私部位。

参考答案：

- 这是不好的触摸，要坚决拒绝并且停止。
- 马上离开，并且要告诉父母。
- 以后少跟对方接触，避免单独相处。

D 和好朋友一起外出，在公交车上对方靠在你的身上睡着了。

参考答案：

- 如果你感觉很高兴，这就是正常的、好的触摸。
- 如果你觉得别扭，就可以把对方叫醒。

E 和好朋友一起在外面走，对方隔着衣服摸你的隐私部位。

参考答案：

- 这是不好的触摸，要坚决拒绝并且停止。
- 马上离开，并且要告诉父母。
- 以后少跟对方接触，避免单独相处。

6 没有直接接触身体,就安全吗

在我们以往的经验中,可能觉得猥亵和性侵犯都是有身体接触的。如果不存在身体接触,是不是就绝对安全了呢?

实际上,性侵犯不仅包括有直接身体接触的行为,还包括没有直接接触的行为。

直接接触身体的性侵害行为包括抚摸孩子的身体、紧紧地搂抱孩子、紧贴孩子的身体挤压摩擦等。如果是涉及性器官的接触,就是猥亵和强奸行为。

与这些有直接身体接触的行为相比,那些没有直接身体接触的行为更加隐蔽,也更容易让人忽视。例如,在孩子面前裸露生殖器,偷窥孩子的裸体,偷看孩子洗澡、上厕所,跟孩子讲一些污秽的话,给孩子拍裸照、录视频,或者让孩子陪自己一起看一些色情制品等。这些都是属于没有直接接触的性侵害行为。长时间被这种没有直接接触的性侵害行为折磨困扰,孩子会产生非常大的心理阴影。

因此,父母除了要尽力保护好孩子之外,一定要教会孩子辨别这种没有直接身体接触的性侵害行为。对这种行为,也要坚决地说"不"。

没有直接身体接触的性侵害行为主要分为两类,一种是言语侵犯,一种是视觉侵犯。

所谓言语侵犯，指的是对方跟孩子讲一些污秽的话，或者讨论孩子的隐私部位。比如，一个男人对一个女孩说"你的胸部真好看"，或者"让我看看你的屁股"，这种话就属于言语侵犯。当然，如果是老师在课堂上跟孩子讲述隐私部位的知识则是正常的。父母跟孩子之间谈论关于隐私部位的知识也是正常的。

视觉侵犯，指的是有人要看孩子的隐私部位，或者给孩子看自己的隐私部位，包括在孩子面前脱衣服。

安全测试

判断下面哪些行为属于性侵犯行为，哪些是正常行为。

A 成年男性在女孩面前脱衣服。

参考答案：
- 属于视觉侵犯。
- 女孩要赶紧离开，并及时告诉父母。

B 成年男性偷窥女孩换衣服。

参考答案：
- 属于视觉侵犯。
- 一旦发现有人偷窥，要马上穿好衣服，大声呼救。

C 大人要看孩子的隐私部位。

参考答案：

- 属于视觉侵犯。
- 绝对不能同意。
- 尽快离开，并告诉父母。
- 以后少跟这个人接触，绝对不能单独相处。

D 成年女性在男孩面前脱衣服。

参考答案：

- 属于视觉侵犯。
- 要赶紧离开，并及时告诉父母。

E 成年人让孩子看赤裸女人的照片。

参考答案：

- 属于视觉侵犯。
- 要赶紧离开，并及时告诉父母。

F 成年人和孩子谈论他的隐私部位。

参考答案：

- 属于言语侵犯。

- 要赶紧离开，并及时告诉父母。

G 医生给孩子检查身体，孩子的父母在场。
参考答案：
- 是正常行为。

H 成年男性对女孩说："你的胸很好看。"
参考答案：
- 属于言语侵犯。
- 要赶紧离开，并及时告诉父母。

I 老师在课堂上给学生讲解什么是隐私部位。
参考答案：
- 属于正常行为。

J 成年男性要看男孩的生殖器。
参考答案：
- 属于视觉侵犯。
- 坚决不能同意。
- 要赶紧离开，并及时告诉父母。

第三章
家与学校之间的安全通道

　　从迈入幼儿园的第一天起,孩子就开始在家和学校之间来回往返。当然,有父母接送的时候,孩子的安全是有保证的。当孩子需要自己上学、放学的时候,就尤其需要注意上学、放学路上的安全问题。

　　因此,教会孩子怎样才能在家和学校之间安全地往返,非常重要。

1 制作安全地图

当孩子踏入学校的大门,第一件事情是父母需要与孩子一起画出一张家与学校之间的安全地图。有了这张安全地图,让孩子每天都在这张安全地图的范围内来回往返,才能尽可能地保证孩子的人身安全。

① 步行上学的安全地图

步行上学的孩子多数离家比较近。但有时候也会出现各种不确定的状况。所以,制作一份安全地图,是非常重要的。

首先,父母要和孩子一起画出一张家和学校之间的简易地图,标出主要的路线,重点关注十字路口和需要过马路的位置。和孩子商议以后,确定出一条固定的上学路线。

其次,如果需要过马路,就要明确标识出在哪个位置过马路。过马路的位置要优先选择有红绿灯和斑马线的、车流量小的位置,如果有过街天桥或者地下通道,也要优先选择。过马路之前要先左看看、再右看看,两边都没有车驶来的时候才可以安全地过马路。过马路不走人行横道,或者在汽车已经临近时急匆匆通过,都是十分危险的行为。总的来说,要尽量降低孩子过马路的危险系数。

再次,把这一路上建议和不建议孩子进入的商铺,重点标识出来。建议孩子优先选择的商铺,如有品牌保障的便利店,出品有保障、质量靠谱的面包店,以及安全卫生的早餐店等,这些商铺可以在孩子需要的时候提供帮助。不建议孩子进入的商铺有网吧、娱乐场所等。哪些是优先选择的，哪些是不建议进入的，可以用不同颜色的笔标注出来，在地图上一目了然。

然后，还要大概计算一下孩子走完这段路程的时间。因为路线固定，孩子每次只走这一条路，所用的时间是差不多的。计算出了所用时间，就能大概掌握孩子的动态。

最后，要跟孩子一起把这条路走一次，进行实地勘察，看看之前确定的路线有没有不合理的地方，有没有存在安全隐患。一旦选定这一条路线，就要让孩子每天只走这一条路。告诉孩子，如果有变化，必须要提前告诉父母。

另外，要告诉孩子一些基本的道路交通规则，教会孩子认识车辆的指示灯、交通警示信号和道路标志。

红绿灯规则是最基本的交通行为规范，是保证交通顺畅、保护生命安全的规则。对于孩子来讲，最主要的是知道红绿灯所代表的含义。

绿灯亮时，准许车辆、行人通行，但转弯的车辆不准妨碍直行的车辆和被放行的行人通行。黄灯亮时，不准车辆、行人通行，但已越过停止线的车辆和已进入人行横道的行人，可以继续通行。红灯亮时，不准车辆、行人通行。绿色箭头灯亮时，准许车辆按箭头所示方向通行。

在没有人行道的地方，一定要靠路边行走。走路的时候，思想要集中，不要东张西望，不要一边走一边玩，不要一边走一边看书，也不要三五成群地并排走。不要乱过马路，不要追赶车辆。

安全测试

A 在步行上学路上,不按照安全地图走,擅自改变线路。

参考答案:

- 这种行为是错误的。
- 一旦制定好安全地图,就不能轻易改变路线。

B 放学回家的路上,进入网吧玩游戏。

参考答案:

- 这种行为是错误的。
- 在放学路上不按照安全地图走,要提前和父母打好招呼。
- 未成年人不能进网吧。

C 上学路上,到优先选择的早餐店吃早餐。

参考答案:

- 这种行为是正确的。

D 放学路上,随便在路边的小摊买零食吃。

参考答案:

- 这种行为是错误的。

- 路边的临时摊贩卖的零食没有质量保证，难免出现食品安全问题。
- 要买零食的话，应去优先选择的便利店里买。

E 放学路上，没跟父母提前说就去同学家玩了。

参考答案：
- 这种行为是错误的。
- 如果想要去同学家玩，需要提前告诉父母。

②坐校车上学的安全地图

如果孩子每天坐校车上学，总体来说安全系数要比其他方式高很多。但是，虽然降低了危险，也仍然存在安全问题，而这些安全问题，主要存在于校车停靠和孩子上下车的时候。

首先，要跟孩子一起画出从家里出发到坐校车地点的固定线路图。需要注意的是，与步行不同，从家里出发去坐校车和从校车下来回家需要准备两条路线图。如果这段路程需要过马路，则需要标注清楚过马路的位置，优先选择过街天桥或者地下通道，如果没有则优先选择有红绿灯和斑马线的地方。如果都没有，应优先选择车流量小的地方。过马路之前要先左看看、再右看看，两边都没有车驶来的时候才可以安全地过马路。过马路不走人行横道，或者在汽车已经临近时急匆匆通过，都是十分危险的行为。

其次，要告诉孩子一些基本的道路交通规则，教会孩子认识车辆的指示灯、交通警示信号和道路标志。绿灯亮时，准许车辆、行人通行，但转弯的车辆不准妨碍直行的车辆和被放行的行人通行。黄灯亮时，不准车辆、行人通行，但已越过停止线的车辆和已进入人行横道的行人，可以继续通行。红灯亮时，不准车辆、行人通行。绿色箭头灯亮时，准许车辆按箭头所示方向通行。

再次，需要跟孩子一起到等校车和下校车的地方实地勘察，告诉孩子哪里是等车和下车的安全区域。因为司机在驾驶的时候存在视觉盲区，一定要确保孩子在安全的区域。

最后，还要告诉孩子一些乘坐校车的安全注意事项。

·上车的时候，需要等校车完全停稳，再扶着把手依次上车。

·下车后要立即走到安全区域。如果需要过马路，也不能在下车后马上过马路。要在路线图规划好的位置过马路。

·如果在上下车的时候有东西掉落，千万不要自己去捡，要请老师帮忙。

·无论什么时候，都不要靠近移动的校车，要始终在司机可见的范围之内。

安全测试

A 上学路上,校车还没停稳就急着往车上挤。

参考答案:

- 这种行为是错误的。
- 不能靠近没有停稳的校车,要等校车停稳之后再排队有序上车。

B 上学路上,不在安全区域等候校车。

参考答案:

- 这种行为是错误的。
- 不在安全区域等候校车,容易发生危险。

C 放学路上,下了校车后马上横穿马路回家。

参考答案:

- 这种行为是错误的。
- 过马路要走之前规划好的路线,不能为了抄近路横穿马路。

D 下了校车后不回家，没有告知父母就去旁边的游乐场玩。

参考答案：

- 这种行为是错误的。
- 放学路上不直接回家，要提前告诉父母。

E 在校车上不好好坐，将头、手伸出窗外。

参考答案：

- 这种行为是错误的。
- 在校车上一定要坐好，将头、手伸出窗外很容易发生危险。

F 在校车上走来走去，和同学打闹。

参考答案：

- 这种行为是错误的。
- 在行驶的车上走来走去，遇到急刹车很容易受伤。

③坐公交车上学的安全地图

有的孩子需要乘坐公交车上学。那么父母在跟孩子制作安全地图的时候，需要注意三个问题：

一是要跟孩子一起画出从家里出发到坐公交车地点的固定线路图。如果这段路程需要过马路，则需要标注清楚过马路的位置，优先选择过街天桥或者地下通道，如果没有则优先选择有红绿灯和斑马线的地方。如果都没有，应优先选择车流量小的地方。过马路之前要先左看看、再右看看，两边都没有车驶来的时候才可以安全地过马路。过马路不走人行横道，或者在汽车已经临近时急匆匆通过，都是十分危险的行为。另外，要告诉孩子一些基本的道路交通规则，教会孩子认识车辆的指示灯、交通警示信号和道路标志。绿灯亮时，准许车辆、行人通行，但转弯的车辆不准妨碍直行的车辆和被放行的行人通行。黄灯亮时，不准车辆、行人通行，但已越过停止线的车辆和已进入人行横道的行人，可以继续通行。红灯亮时，不准车辆、行人通行。绿色箭头灯亮时，准许车辆按箭头所示方向通行。

需要注意的是，与步行不同，从家里出发去坐公交车和从公交车下来回家需要准备两条路线图。

二是要确定坐哪几路公交车。选择公交线路策略是，最好选能够直达的公交车，这样能减少路上的不确定因素。确定好可以选择的公交车车次后，还应确定这些公交车的上下车站点名称，防止坐过站。如果没有直达的公交车，需要中间换乘的话，一定要和孩子一起确定好换乘路线，以及上下车站点名称。

三是要注意遵守乘坐公交车的安全准则。（详情参见本书第110页的"公交车乘坐规则"）

此外，还是需要跟孩子一起坐一次公交车去学校，实地考察一下，再次完善上下学路线。例如，哪辆公交车可能比较拥挤，哪辆公交车上人少一些，哪辆公交车可能会经过拥堵路段，这些都可以作为完善路线的依据。

安全测试

A 在公交车上将手伸出窗外。

参考答案：

- 这种行为是错误的。
- 在公交车上一定要坐好，将手伸出窗外很容易发生危险。

B 在机动车道追着公交车跑。

参考答案：

- 这种行为是错误的。
- 绝对不能在机动车道走或跑，更不能在机动车道追公交车。

C 公交车还没挺稳的时候就站在机动车道上等着上车。

参考答案：

- 这种行为是错误的。
- 要等车停稳之后再排队上车，不能在机动车道等候。

D 站在司机的视线盲区等公交车。

参考答案：
- 这种行为是错误的。
- 站在司机的视线盲区很容易发生危险。

E 上车的时候不排队，挤来挤去。

参考答案：
- 这种行为是错误的。
- 上车要有序排队，不能乱挤。

F 在公交车上给有需要的人让座。

参考答案：
- 这种行为是正确的。

G 在公交换乘的时候擅自改变路线。

参考答案：
- 这种行为是错误的。
- 一定要按照规划好的安全路线乘坐公交车。

④坐地铁上学的安全地图

与乘坐公交车相比，乘坐地铁上下学有很多的优点，如班次比较多，不会因堵车而迟到，换乘都是在站内完成，换乘过程中不需要过马路，有安全保障。不过，地铁也有一些公交车所没有的安全隐患，需要父母和孩子引起注意。

一是要跟孩子一起画出从家里出发到地铁站以及从地铁站到学校的固定线路图。如果这段路程需要过马路，则需要标注清楚过马路的位置，优先选择过街天桥或者地下通道，如果没有则优先选择有红绿灯和斑马线的地方。如果都没有，应优先选择车流量小的地方。过马路之前要先左看看、再右看看，两边都没有车驶来的时候才可以安全横过马路。过马路不走人行横道，或者在汽车已经临近时急匆匆通过，都是十分危险的行为。

二是要确定好地铁线路。如果不能直达，要确定好换乘线路。要记住上下地铁的站点名称，防止坐过站。

三是要跟孩子一起学习乘坐地铁的基本安全知识。（详情参见本书第115页的"地铁乘坐规则"）

安全测试

A 在地铁里吃东西。

参考答案：
- 这种行为是错误的。
- 地铁内不能饮食。

B 在地铁门快要关闭的时候扒门。

参考答案：
- 这种行为是错误的。
- 扒门很容易发生危险。

C 在地铁里追逐打闹。

参考答案：
- 这种行为是错误的。
- 地铁里追逐打闹会造成安全隐患，也会影响他人。

D 在地铁里大声喧哗。

参考答案:

·这种行为是错误的。

·在地铁里大声喧哗影响他人。

E 在地铁里随地乱扔垃圾。

参考答案:

·这种行为是错误的。

·要将垃圾丢到地铁站的垃圾桶内,不能随地乱丢。

F 在地铁车厢里躺着占据一排座位。

参考答案:

·这种行为是错误的。

·一个人占据几个座位,会导致他人没有座位。

·即使车厢里人很少,也不要躺在座位上,这是一种不文明的行为。

⑤骑自行车上学的安全地图

相对于前面几种上下学方式,骑自行车上学对于孩子的要求比较高。一般来说,年满12周岁的孩子才可以骑自行车上路。如果没到这个年龄,就不要让孩子骑自行车上学。当然,即使孩子已经年满12周岁,但是对于一些交通规则还不是很清楚、骑车的技术也不够熟练的孩子来说,不要轻易骑自行车上学。

所以,我们这里所说的骑自行车上学,指的是孩子同时满足下面三个条件:

·年满12周岁;

·熟知并遵守交通规则;

·骑车技术熟练。

在同时满足以上三个条件的基础上,父母可以和孩子一起制作一份上学、放学的安全地图,确保孩子的安全。

第一,父母需要和孩子一起画出一张家和学校之间的简易地图,标出主要路线,并且重点关注十字路口和需要过马路的位置。与孩子商议以后,确定出一条固定的上学路线。

第二,如果需要过马路,就要明确标识出在哪个位置过马路。过马路的位置要优先选择有红绿灯和斑马线的、车流量小的位置。过马路之前要先左看看、再右看看,两边都没有车驶来的时候才可以安全横过马路。过马路不走人行横道,或者在汽车已经临近时急匆匆通过,都是十分危险的行为。

第三，把这一线路上建议和不建议孩子进入的商铺重点标识出来。建议孩子优先选择的商铺，如有品牌保障的便利店，出品有保障、质量靠谱的面包店，以及安全卫生的早餐店等，这些商铺可以在孩子需要的时候提供帮助。不建议孩子进入的商铺有网吧、娱乐场所等。哪些是优先选择的，哪些是不建议进入的，可以用不同颜色的笔标注出来，在安全地图上一目了然。

第四，还要大概计算一下孩子骑车走完这段路程所用的时间。因为路线固定，孩子每次只走这一条路，所用的时间是差不多的。计算出了所用时间，就能大概掌握孩子的动态。

第五，要跟孩子一起把这条路骑行一次，进行实地勘察。看看之前制定的路线有没有不合理的地方，有没有存在安全隐患。

一旦选定这一条路线,就要让孩子每天只走这一条路。告诉孩子,如果有变化,一定要提前告诉父母。

另外,如果孩子骑自行车上学,那么父母一定要跟孩子一起学习一下常见、常用的交通标志和了解骑行规则。

常见交通标志:

红绿灯　　　　当心车辆　　　　请走斑马线　　　　禁止通行

骑行规则

·不能闯红灯,遇到红灯要停车等候,待绿灯亮了再继续前行。

·不能随便横穿马路,经过交叉路口,要减速慢行,礼让来往的行人,注意车辆。

·车速不要太快。

·转弯时不抢行猛拐,要提前减速慢行,注意后方车辆。

·要在非机动车道上靠右骑行,不能走机动车道,不要跟机动车抢道。

·骑车时不要双手离把,不多人并骑,不互相攀扶,不互相追逐、打闹。

·骑车时不攀扶机动车辆,不骑车带人,不在骑车时戴耳机听音乐或广播。

·要经常检修自行车,保持车况良好。车闸、车铃一定要保持灵敏。

安全测试

A 骑自行车走机动车道。

参考答案：
- 这种行为是错误的。
- 骑自行车一定要走非机动车道且靠右骑行，走机动车道很容易发生危险。

B 骑自行车和行人抢道。

参考答案：
- 这种行为是错误的。
- 由于自行车速度较快，如果撞上行人会导致双方受伤。

C 骑自行车横穿马路。

参考答案：
- 这种行为是错误的。
- 骑自行车过马路也要走斑马线，不能随便横穿马路。

D 骑自行车带着同学。

参考答案：
- 这种行为是错误的。
- 骑行时不能随便带人，容易发生危险。

E 骑自行车和同学比速度。

参考答案：
- 这种行为是错误的。
- 骑自行车时车速不能太快，否则很容易发生危险。

F 骑自行车闯红灯。

参考答案：
- 这种行为是错误的。
- 不管是步行还是骑自行车，都一定不能闯红灯。

G 骑自行车礼让行人。

参考答案：
- 这种行为是正确的。

H 在马路上骑自行车双手离把,和同学多人并骑。

参考答案:
- 这种行为是错误的。
- 骑自行车不能双手离把,也不能多人并骑。

I 在马路上骑自行车的时候戴着耳机听音乐。

参考答案:
- 这种行为是错误的。
- 在马路上骑自行车的时候一定不能戴耳机听音乐,否则容易走神,听不见后面车辆的鸣笛,易发生危险。

② 放学不逗留

放学不逗留,一方面指的是不在学校里逗留,另一方面指的是不在放学的路上逗留。

① 放学后不在学校逗留

很多孩子喜欢放学之后继续留在学校里玩,因为在学校有同学和玩伴。但是,这样的行为存在很多安全隐患。

放学之后绝大多数老师已陆续下班,留在学校的同学没有人管理,容易发生危险。

有的孩子喜欢放学后在教室里逗留,但是教室里有各种电器开关、插座等可能会导致危险的物品,存在安全隐患。一旦发生危险,往往得不到及时救助。

有的孩子喜欢放学后在操场逗留,和同学踢球、追逐打闹等,这样危险系数更大。这跟上体育课有所不同。上体育课有体育老师在旁指导、保护,而孩子在放学之后在操场玩,稍不注意便容易受伤。如果是幼儿园的孩子,放学后在幼儿园里逗留,在没人看管的时候自己玩滑梯等,也容易发生危险。

所以,父母一定要跟孩子说,放学后不要在学校里逗留。如果由父母来接,应让孩子按时到校门口等父母。如果是孩子自己回家,父母更要叮嘱孩子不要在学校逗留,放学后要赶紧回家。

②不在放学路上逗留

不在放学路上逗留,主要是针对自己回家的孩子来说的。孩子在放学路上逗留,一是父母找不到孩子会着急,二是在路上逗留容易发生各种危险。

对于放学自己回家的孩子,父母要和孩子一起制作一份安全地图。有了这张安全地图,让孩子每天都在这张安全地图的范围内来回往返,不在半路上逗留,更不要在不跟家人商量的时候擅自去别的地方玩。只有这样才能尽可能地保证孩子的人身安全。

如果孩子在放学路上脱离了安全地图的路线范围,那么就很容易给犯罪分子可乘之机。有坏人看到孩子在路上漫无目的地到处走走看看,就会上前以各种理由和孩子搭讪,稍不注意就把孩子拐走了。再者,孩子在安全地图的路线范围之外走,在不熟悉的地方也容易发生交通意外。

因此,为了防止孩子在放学路上逗留,父母一定要让孩子根据安全地图上所规划的大致时间回到家中。

安全测试

A 放学之后在教室逗留。

参考答案：
- 这种做法是错误的。
- 放学之后在教室逗留容易发生危险，放学之后要尽早回家。

B 值日生在放学之后在教室打扫卫生。

参考答案：
- 这种做法是正确的。
- 打扫完卫生之后，也要尽快离校回家。

C 放学之后跟同学在教室里追逐打闹。

参考答案：
- 这种做法是错误的。
- 教室里桌椅板凳多，追逐打闹容易发生危险。

D 放学后去操场和同学一起踢球。

参考答案：
- 这种做法是错误的。
- 放学之后要尽快离校，在学校进行体育活动必须在体育老师的指导和保护下进行。

E 放学后在回家路上的一个公园里玩，不提前和跟父母打招呼。

参考答案：
- 这种做法是错误的。
- 放学之后要赶紧回家，不能不告诉父母就在外面玩。

F 放学后去同学家玩，不提前和父母打招呼。

参考答案：
- 这种做法是错误的。
- 要去同学家玩，必须提前征得父母的同意。

3 告诉家人"我回来了"

孩子放学回到家,一定要告诉家人"我回来了"。

如果家里有人,就要大声告诉家人,"妈妈,我回来了"或者"爸爸,我回来了",这样家人才能心中有数,知道孩子按时放学回家了。如果回家以后悄无声息,家人会以为孩子放学以后一直没有回家,心里很着急甚至出门去找。同样的,如果要出门,也要跟家人说一声"妈妈,我出门了",或者再具体一点,说"妈妈,我要去上学了"或者"妈妈,我去 XX 同学家玩了"。这样的话,无论去哪里,家人都能心中有数。

如果家里没人,回家以后也要告诉家人"我回来了"。当然,这要通过电话或者电话手表来传达。如果放学回家后家里没人,首先要关好门,然后给家人打个电话告诉他们"我回来了"。如果要出去玩或者去同学家,也要提前跟家人说,不能因为家里没人就直接跑出去。

安全测试

A 放学之后自己用钥匙开门回家,没有跟家人打招呼就进了自己的房间。

参考答案:

- 这种做法是不对的。
- 回家之后要跟家人说"我回来了"。

B 放学回家发现家里没人,放下书包就出去找同学玩了。

参考答案:

- 这种做法是不对的。
- 回家之后发现家里没人,要跟家人打电话说自己回家了。如果想要出去玩,也要经得家人的同意。

C 放学回家发现家里没人,先关好门,然后给妈妈打电话,告诉她"我回家了"。

参考答案:

- 这种做法是正确的。

D 放学之后自己用钥匙开门回家，没有跟家人打招呼就进了自己的房间，放下书包之后又悄悄出去玩了。

参考答案：

- 这种做法是不对的。
- 回家之后要跟家人说"我回来了"。
- 出去玩要和家人商量好，告诉家人去哪里，和谁一起，什么时候回来。

E 出门去上学没有跟家人打招呼，自己悄悄走了。

参考答案：

- 这种做法是不对的。
- 出门之前也要跟家人打招呼，说"我要上学去了"。

F 放学之后回到家里，发现家里没人，给妈妈打电话，说自己先去同学家玩。

参考答案：

- 这种做法是正确的。
- 打电话的时候记得提醒妈妈，一回家就去同学家找自己。

第四章

当父母不在家

大多数父母的下班时间和孩子的放学时间是不一致的,往往孩子放学以后两个小时父母才能下班。如果家里没有人专门照顾孩子,那么孩子放学以后就要自己回家,自己待在家。孩子自己回家、自己待在家的这段时间里,安全是非常重要的。

1 电梯内,要懂得自救

很多住宅区配有电梯,很多孩子每天离家上学、放学都需乘坐电梯。但是,电梯也有一定的安全风险。如果孩子经常独自乘坐电梯,一定要先对孩子进行电梯安全教育。

①认识电梯安全标志

教孩子认识下面常见的电梯安全标志,同时也是教会孩子遵守一些乘坐电梯的基本规则。

- 严禁超载。

电梯都有最大载重量。为了电梯的安全运行,绝对不能超载。一般来说,电梯一旦超载,就会发出滴滴的报警声,这时候需要最后进电梯的人先出去,等候下一趟。

・严禁扒门。

有人经常会为了等人而阻挡电梯关门。在电梯门要关闭的时候，许多人还会用手或者脚来阻止电梯门关闭。不管是用手、用脚还是用身体阻挡电梯关门，或是在电梯遇到障碍的时候扒门，都是非常危险的行为。

・严禁打闹蹦跳。

在电梯里面不能打闹，更不能蹦蹦跳跳。孩子生性活泼好动，需要父母从一开始乘坐电梯时就告诉孩子，一定不能在电梯里打闹蹦跳。

・严禁倚靠门。

电梯门不能倚靠。有人喜欢倚靠在电梯门上暂时休息，此时电梯一旦发生故障，会有危险。

・禁止乱动按钮。

电梯里的按钮不能乱按，否则容易引发不必要的麻烦或者导致电梯故障。

・火灾地震时，禁止乘坐电梯。

有火警铃响起来的时候以及发生地震的时候，是坚决不能乘坐电梯的。可能有人觉得坐电梯可以快速逃离现场，但是一旦电梯受到火灾或者地震的影响，很容易发生故障，更不容易脱险。

②乘坐电梯之前观察

孩子在进入电梯之前，一定要留意下面这几件事：

・电梯门开关是否平稳、是否有异常声音。

- 电梯的启动、运行和停止是否正常。
- 电梯各个按钮运作是否正常。
- 电梯内的电灯、楼层显示,电梯外的楼层显示等装置是否正常。
- 电梯里的对讲机、紧急按钮、排气扇以及监视器等紧急装置是否正常。
- 电梯停下时,轿厢是否与地面水平。

如果一旦以上几种情况出现异常,就要立即停止使用电梯,并马上通知物业来检修。

③ 乘坐电梯注意事项

- 在电梯里不能乱扔垃圾,要注意保持电梯内的卫生。
- 在电梯里不能打闹蹦跳,否则容易引起电梯下坠或者电梯故障。
- 不能损坏电梯里的设施,包括按钮、紧急呼叫装置、摄像头等。
- 遇到停电等紧急情况要冷静等待救援,切不可自行扒门。

④ 发生危险怎么办

一般来说,电梯发生的危险主要包括两种:一种是电梯门故障,一种是电梯高速下坠或者冲顶。

085

据有关统计，与电梯门相关的安全事故占据电梯事故率的80%左右。因为电梯门每天上上下下开关频繁，老化很快。再加上有人喜欢倚靠在电梯门上，有人经常拍打电梯门，有人经常会为了等人而阻挡电梯关门。倚靠、拍打、手推、撞击、脚踢、撬门等危险举动都会影响电梯门的正常使用。而在电梯门要关闭的时候用手或者脚挡住门或者硬挤进去，发生过人被夹伤，甚至被夹死的状况。

因此，电梯在正常运行状态下，楼层门和轿厢门都应处于关闭状态。如果发现电梯门没有关上就开始运行，说明电梯有故障，这时千万不要乘坐，赶紧按停电梯然后出去，并通知物业检修。如果此时发现电梯门发生故障打不开，千万不要扒门，要按电梯里的紧急按钮，等待专业人员来救援。

另一种常见的电梯故障是电梯高速下落或冲顶。也就是说，电梯在运行过程中，忽然不受控制，快速往下掉落到电梯井道的底部或者往上冲到电梯井道的顶部。

这种情况说明比较危险，如果遇到，应当用以下应急处理方式：

·用最快的速度按下电梯里每一层楼的按键。这样，当紧急电源启动的时候，电梯就能马上停止继续下坠或者冲顶。

·如果电梯里有把手，用一只手紧紧握住把手，这样可以起到固定作用，减少因重心不稳而摔伤的可能性。在电梯里保持下面这种姿势可以保护关节和脊柱：双腿分开，屈膝、踮脚；双臂展开，扶着电梯壁或者把手。

· 等电梯停下后,马上利用电梯里的应急电话或者手机与值班人员、维保人员取得联系,要告诉对方电梯所在的准确位置、电梯内人员的详细情况等。

· 尽量不要惊慌,保持镇静,保存体力。如果电梯里的照明熄灭了,也不要慌,尽量利用手机等装置照明,也会有电梯里的应急照明装置自动启动。此时,千万不要尝试自行扒门,一定要待在电梯内,等救援人员到达现场后,听从救援人员的指挥。

安全测试

A 在电梯里面打闹嬉戏。

参考答案:

· 这种行为是错误的。
· 在电梯里要站好,不能打闹嬉戏。

B 电梯门快要关上时用手阻拦电梯关门。

参考答案:

· 这种行为是错误的。
· 用手阻拦电梯门关闭容易发生危险。

C 乘坐电梯时倚靠电梯门。

参考答案：
- 这种行为是错误的。
- 电梯门开了以后容易受伤。

D 在电梯出现故障被困的时候擅自扒门。

参考答案：
- 这种行为是错误的。
- 电梯遇到故障被困的时候要按下紧急按钮，联系专业人员前来救援。

E 进电梯以后，在电梯正常运行的情况下把所有的按键都乱按一通。

参考答案：
- 这种行为是错误的。
- 乱按电梯的按键一方面对电梯的安全不利，另一方面也耽误同乘者的时间。

F 在电梯溜梯的时候把所有的按键都按一遍。

参考答案：
- 这种行为是正确的。

G 在火警铃响起的时候乘坐电梯下楼逃生。

参考答案：

·这种行为是错误的。

·火警警报响起的时候一定不能乘坐电梯，因为此时乘坐电梯非常危险，要从楼梯的安全通道逃生。

H 地震时乘坐电梯逃生。

参考答案：

·这种行为是错误的。

·发生地震时乘坐电梯非常危险。

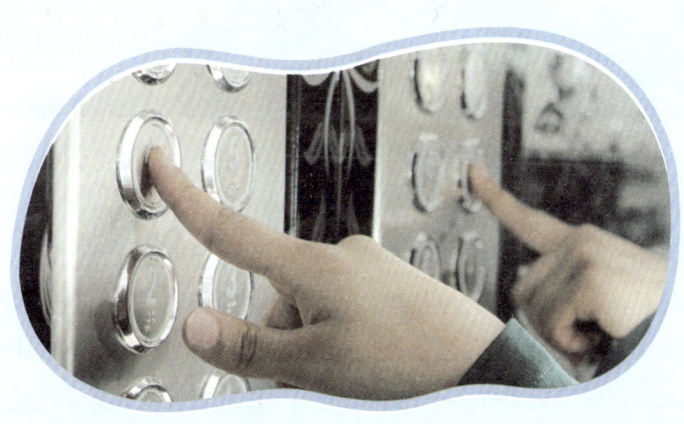

② 进家门后要关好门

孩子自己放学回到家，把门关好是非常重要的一件事情。但是，对于孩子来说，关门并不像我们成年人所想的那么简单。

首先，走到家门口之前，孩子需要注意身后是否有人跟着。如果怀疑后面有人跟着自己，而自己家又没有人，一定不能直接开门。可以先到家里有人的邻居家里待一会儿，确定外面没有可疑的人再回家。

其次，开门以后一定要记得将钥匙拔出来。如果忘记把钥匙拔出来，会给坏人可乘之机，造成安全隐患。

进门以后，记得把门关好，并且反锁。如果不反锁的话，门很容易被撬开。如果有两层门，要把外面的防盗门和里面的木门都反锁。如果是晚上，记得把灯都打开，把窗帘拉好，不要让他人在外面看到只有你自己在家。把电视机或者音响打开，让他人以为家里有大人在家。

如果有人来敲门，记得不要轻易开门。

安全测试

A 回家路上发现有人尾随，赶紧跑回家，家里没人，自己用钥匙开门进去。

参考答案：
- 这种行为是错误的。
- 如果觉得有人尾随，而家里又没有人在家，不能自己回家开门。
- 可以先去家里有人的邻居家待一会儿。

B 回家之后用钥匙开门，然后把钥匙拔下来，进屋关门反锁。

参考答案：
- 这种行为是正确的。

C 回家之后随手把门带上，没有反锁。

参考答案：
- 这种行为是错误的。
- 未反锁的门很容易被撬开。

3 当有人来敲门

如果孩子独自在家，可能会遇到有坏人假装送快递、假装父母的朋友、假装楼上邻居，甚至假装警察来敲门。因此，一定要告诉孩子，独自在家的时候一定不要给陌生人开门。

据相关统计，陌生人敲门试探后，骗独自在家的孩子开门，再入室抢劫的案例并不算少见。据警方统计，在这种类型的案件中，不法分子惯用的手段就是以送东西、问路、修水管、检查煤气管道等为名骗孩子开门。

当然，孩子独自在家的时候会有陌生人来敲门，也会有认识的人、熟悉的人来敲门。孩子的判断能力比较差，分辨不清对方的真正意图，容易被坏人所迷惑。陌生人可能会带来危险，认识的人也可能会带来危险。

①认识的人来敲门

如果孩子自己在家，有认识的人来敲门，要不要开？

在这类案件中，熟人作案相对来说比较少。不过，也不能不防。因为有些人虽然算是熟人，但是却难以知根知底，如在小区里见过几次的邻居，或平时经常送快递的快递员等。这些人就算是熟人，也不能让孩子完全信任他们。

对于熟人，平时可以和孩子一起列出一份可信赖名单，也就是说，除了父母，还有哪些人来敲门是可以放心开门的。名单列好之后，名单之外的人来敲门就不能随便开，要跟父母打电话确认情况以后再做决定。

如果是经常来送快递的快递员，可以让他把快递放在门口。等对方走了之后也不要马上开门拿东西，最好等父母回家之后再拿。

如果是认识的父母的朋友或者同事，就要先给父母打电话确定情况。

②陌生人来敲门

如果孩子独自在家，有陌生人来敲门，一定不能开。

如果孩子独自在家，首先要检查钥匙有没有拔下来，然后把门关好并且反锁。如果有两层门，一定要把两层门都反锁好，否则也容易被撬开。另外，还可以把家里的电视机或者音响打开并且声音调大一点，这样会让人以为家里有大人在，以减少不必要的麻烦。

听到有人敲门或者按门铃，要先从猫眼（门镜）往外面看看情况。如果觉得外面可能是坏人，就假装没有听见，不要开门。

如果陌生人自称是父母的同事或者朋友，就算他能叫出你的名字，也不能把门打开。可以隔着门问他有什么事，然后打电话告诉父母。

如果陌生人自称是煤气、水、电修理工，或者是来收取各种费用的工作人员，也不要开门，就说自己没有钥匙，从里面打不开门，让他等父母在家的时候再来。

如果陌生人自称是送快递或者送牛奶的，也不要开门，可以让他把东西放在门口。等对方走了之后也不要马上开门拿东西，最好等父母回家之后再拿。

如果陌生人用可怕的事情吓唬孩子，也不能相信。有的坏人会编造一些可怕的事情来吓唬孩子，骗孩子开门。例如：

"你父母被车撞了，快跟我去医院吧。"

"你爸爸被警察抓走了，快跟我走吧。"

"你家楼下起火了，快打开门跟我下去吧。"（这里要注意辨别，如果真的是起火了，会有很多人冲出来往外跑，也会有消防车警笛的声音。如果楼道里静悄悄的没有声音，也没有看到火苗烟雾，就不要轻易开门）

如果陌生人自称是警察，无论他说什么，都不要开门。要马上给父母打电话家里。

如果有陌生人敲门说"你家钥匙没拔"，这时不要急于去开门，先检查钥匙在不在家里。

如果有陌生人敲门，说他是楼上或者楼下的邻居，并且说：

"我衣服掉你家阳台上了。"

"你们家下水管漏水，把我家天花板都浸湿了。"

这时候也不能开门，可以让他在门外稍等一会儿，然后打电话通知父母。

总之，如果有陌生人来敲门，除非跟父母打电话确认过情况，他们说可以开门，其他情况不管对方找什么理由，都绝对不能开门。

安全测试

A 独自在家的时候，如果有陌生人来敲门，说"你爸爸让我来给你送东西"，怎么办？

参考答案：
- 一定不能相信。
- 可以让他把东西放在门口，并且给父母打电话确认。

B 独自在家，有父母的朋友来敲门说给你送东西，怎么办？

参考答案：
- 如果这个人在可信赖名单之内，可以开门。
- 如果这个人不在可信赖名单里面，就不要开门，让对方把东西先放在门口，然后再打电话和父母确认情况。

C 独自在家，有陌生人来敲门说送快递，怎么办？

参考答案：
- 一定不能开门。
- 让对方把快递放在门口。
- 即使对方走了也不要立即开门去拿，要等父母回家之后再拿。

D 独自在家，有陌生人来敲门说"你家楼下起火了，快打开门跟我下去吧"，怎么办？

参考答案：

- 先不要着急开门，也不要被对方说的话吓到。
- 仔细观察楼内情况，如果真的起火了，会有很多人冲出来往外跑，也会有消防车警笛的声音。如果楼道里静悄悄的没有声音，也没有看到火苗烟雾，就先不要开门。

④ 受伤了，不要怕

孩子独自在家，难免会受伤，小到碰伤磕伤，大到严重的烫伤、烧伤，如果处理不够及时，或者处理方法不对，往往会给孩子带来更加严重的后果。因此，一定要将下面几种受伤的处理方法教给孩子，以防万一。

① 常见伤处理方法

·被开水烫伤。

如果被开水烫伤，应立即用大量的流动冷水持续冲洗半小时以上。在冲洗的时候要注意，流水冲洗的力量不要太大。如果被烫伤的皮肤上有衣物，最好拿剪刀把衣服剪破再脱掉，以免在脱衣服的过程中破坏疱皮的完整。

需要引起注意的是，在日常的烧烫伤处理中，很多父母听信一些偏方，如用香油、牙膏、酱油等各种东西涂抹，这些都是错误的。切记，最重要最有效的方法是用大量流动的冷水持续冲洗，也就是到水龙头下面冲洗。

·火灾引起烧伤。

如果孩子独自在家的时候被火烧伤，身上的衣服也被烧着了，千万不能奔跑或者用手拍打。正确的做法是在地上打滚压灭火苗，或者用冷水冲洗浇灭火苗。

另外，着火的时候一定不要在着火场地大声呼喊，以免造成呼吸道灼伤。火灾现场的烟雾对人影响很大,最好用湿毛巾捂住口鼻往外跑,以防烟雾吸入,导致窒息或中毒。

如果是比较严重的烧伤,一定要及时去医院就诊。

·被热油烫伤。

如果孩子在家不小心被热油溅到身上或手上烫伤,最简单迅速而有效的方法就是用厨房的自来水冲洗20分钟以上,只有这样才能快速有效地降温。如果烫伤程度比较浅的话,一般不会留疤。如果烫伤程度比较深,则需要去医院就诊,涂抹烫伤膏,以免留疤。

·被电击烧伤。

如果孩子在家被电击烧伤,也就是我们俗称的触电,首先要将电源切断,或用绝缘体将电源移开。另外,一定要告诉孩子,不能直接用手接触触电者,可以借助一些绝缘体,如干木棒、树枝、扫帚柄等来帮助触电者。

·喝水被烫伤。

孩子对温度不太敏感,喝热水的时候一不小心很容易被烫伤。这种烫伤可能会导致剧烈咳嗽、声音嘶哑,同时伴有咽痛、吞咽困难等症状。如果孩子独自在家喝水被烫伤,要立即联系父母,去医院就诊。

·皮肤被擦破、割破受伤。

孩子在玩的时候经常会遭遇皮肤被擦破、割破等状况。跑的时候不小心摔倒,容易擦破膝盖和手;用刀子或者剪刀的时候不小心容易割破皮肤;骑自行车、滑板车、扭扭车或者平衡车的时候,如果不佩戴护具，也很容易受伤。

如果是皮肤被擦破或者割破，首先要用干净的水把创面冲洗干净，然后需要用碘酊（碘酒）涂抹消毒。必要的话也可以贴上创可贴防水。如果受伤比较严重，出血的创面比较大，则需要清洗干净涂抹碘酊（碘酒）之后及时去医院就诊。

②处理烧烫伤的常见误区

烧烫伤是我们在日常生活中可能会发生的状况。尤其是好奇心强的孩子，对于危险因素的认知能力不足，回避反应迟缓，很容易被烧伤、烫伤。孩子烧伤、烫伤后，很多父母会尝试老一辈提供的偏方、土方，这些偏方、土方绝对是百害而无一益。

下面来说一说处理烧烫伤的常见误区。

误区一：冰敷。

我们都是知道，烧烫伤后最需要做的就是降温，有人会采取冰敷，觉得冰敷的效果肯定比凉水要好。实际上，用冰敷反而容易把皮肤冻坏。因为在烧烫伤之后，受损的皮肤已经失去了保护屏障，这时候再采用冰敷容易把皮肤冻伤。

误区二：用蛋清、香油涂抹。

有人听信偏方，烧烫伤后用蛋清或者香油涂抹创面，这样做非但不能缓解伤痛，反而会使得创面感染。

误区三：用酱油涂抹。

烧烫伤后如果用酱油涂抹创面，首先酱油里的盐分会使创面细胞脱水收缩，加重损伤。其次，酱油不是无菌的，有可能引起感染。另外,酱油的黑褐色覆盖创面,会影响医生对创面深度的判断。

误区五:用牙膏涂抹。

有人觉得涂抹牙膏会让皮肤感觉比较凉爽,所以在烧烫伤之后选择抹牙膏。实际上,牙膏会让热能包覆在皮肤上继续伤害皮肤。

③常用求助电话

孩子独自在家,如果遇到危险,需要打电话寻求帮助。因此,父母最好将主要的亲属和邻居、辖区派出所、附近医院的急诊电话号码写出来,贴在家里醒目的位置,并告诉孩子这些电话正确的拨打和通话方式。

全国统一的紧急报警电话:

需要注意的是,110、119、120 报警电话是应急服务的特种专用电话,必须在遇到紧急情况的时候才能拨打,不能随意拨打。这一点,父母一定和跟孩子强调。

安全测试

A 被开水烫伤之后涂抹牙膏缓解疼痛。

参考答案：
- 这种行为是错误的。

B 被热油烫伤之后马上用冷水冲洗创面降温。

参考答案：
- 这种行为是正确的。

C 被火烧伤后用手拍打灭火。

参考答案：
- 这种行为是错误的。

D 烫伤之后用冰袋对创面进行冰敷。

参考答案：
- 这种行为是错误的。

E 着火后用湿毛巾捂住口鼻赶紧离开。

参考答案：
- 这种行为是正确的。

5 做自己的守护神

如果孩子经常独自在家,除了要做到前面几点之外,还要做好自己的守护神,尽自己最大的能力保护好自己。

当然,父母也要尽量减少孩子独自在家的时间。如果有熟悉且信任的邻居可以托付,那么在不方便的时候让孩子到邻居家会是更好的选择。

①自己在家如何克服恐惧

孩子都喜欢并且习惯有父母在旁陪伴自己。一旦父母都有事情要离开,孩子往往会感到不自在。因为孩子的想象力丰富,又爱幻想,再加上平时可能听过一些让他们感觉害怕的故事,看过一些让他们害怕的电视画面,如怪兽等,所以孩子就很容易情感带入,害怕自己一个人待在家里,尤其是晚上。如果想要减轻或者消除孩子这种害怕的心理,需要父母慢慢地引导。

下面几种方法,可以试试看。

·打开灯。

大多数人不喜欢黑暗。相反,如果到处都是明亮的,就会给孩子很多的安全感,那么孩子心中的恐惧感就会大大降低。大多数孩子喜欢晚上开着灯睡觉,就是因为孩子对黑暗有一种天生的不安,而开着灯有利于消除这种不安。

·打开电视。

打开电视,选一个孩子喜欢的频道当作背景声音,也可以降低孩子的恐惧心理。如果电视里播放的是孩子喜欢的动画片或者唱歌跳舞等喜气洋洋的画面,相信孩子的恐惧感会降到最低值。需要注意的是,一定不要调到播放恐怖电视剧或者电影的频道。

·与人聊天。

孩子一个人在家很孤独,如果能跟熟悉的人聊天,可能就会大大减少这种孤独感。所以,父母不在家的时候,孩子可以打电话给自己的朋友或者亲戚聊天,也可以通过手机或电脑在网上和朋友视频。

·看喜欢的书。

有的孩子很喜欢看书,那么父母不在家的时候可以找一些自己感兴趣的书来看,也是一种消磨时间的好方法。

·看喜欢的动漫剧和电影。

有很多有趣的动漫剧,孩子看的时候会沉浸其中,时间不知不觉就过去了。适合孩子看的经典的电影有很多,往往一部电影看完,两三个小时就过去了,父母也差不多回家了。

·画画或做自己喜欢的手工。

有的孩子喜欢画画、做手工。当孩子一个人在家的时候,可以不受干扰地画画、做手工,就不会感觉到害怕了。

·养一只小宠物。

有些父母因为工作的原因,经常需要工作到很晚,孩子经常独自在家。如果孩子喜欢小动物,可以考虑给孩子养一只宠物,小猫或者小狗都是不错的选择。当孩子一个人在家的时候,他就不会感到孤独害怕了,小宠物的存在给孩子增加很多安全感。

②孩子独自在家如何确保安全

·关上门窗。

把门关好,并且反锁。如果不反锁的话,门很容易被撬开。如果有两层门,外面的防盗门和里面的木门都要反锁。如果是晚上,记得把灯都打开,把窗帘拉好,不要让他人从外面看到只有你一个人在家。把电视机或者音响打开,让他人以为家里有大人在家。

·不使用厨房的炉灶。

厨房的炉灶操作比较烦琐,而且燃气都比较危险。因此,独自在家的孩子绝对不要使用厨房的炉灶。父母外出时最好把燃气总开关关闭。

·不玩打火机、刀等危险物品。

这些东西虽然都很小,但是如果孩子在无人监控的情况下使用这些东西,容易导致孩子受伤或者引起火灾。父母应把火柴、打火机等放在孩子不易拿到的地方。

·不拆装、搬动家用电器,远离电源。

电与其他东西不同,它看不到,摸不着,危险性却非常大。因此,父母要及早对孩子进行用电安全教育。

对于安全用电必须做到"四不",即不接触低压带电体,不靠近高压带电体,不弄湿家用电器,不损坏绝缘层。

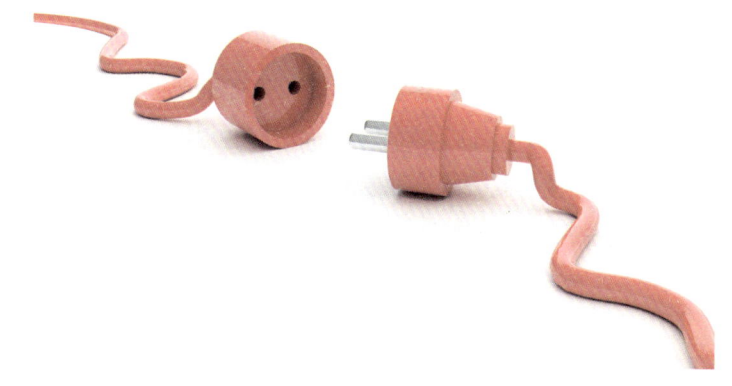

电的危害性非常大,孩子一旦触电就很危险。应该早早让孩子知道这种危害,对那些带有危险性的电源和电器,要反复交代孩子尽量远离。平时要教育孩子,手不能直接摸电源,也不能用金属制品,如铁丝、钉子、别针等接触电源插座内部。遇到下雨、打雷、闪电,要关掉电视、音响,拔掉电源插头,以防遭遇雷击。在使用电器的过程中,如果发现有冒烟、冒火花、发出焦煳的异味等情况,要立即关掉电源开关,停止使用。

另外,父母需要注意,及时换掉旧的插座。插座也有使用寿命,一旦超限使用就容易出问题。此外,绝对不能"小马拉大车",超负荷用电。插座都有一个额定电流,使用的电器不能超过额定电流,否则插座会发热,影响其使用寿命,轻则损坏电器,严重时甚至会引起火灾。

·教育孩子有报警意识。

孩子独自在家，如果遇到危险，需要打电话寻求帮助。因此，父母最好将主要的亲属和邻居、辖区派出所的电话号码写出来，贴在家里醒目的位置，并告诉孩子正确的拨打和通话方式。紧要关头还可以拨打110、119等报警电话。需要提醒孩子，110、119报警电话是应急服务的特种专用电话，必须在遇到紧急情况的时候才能拨打，绝对不能随意拨打。

安全测试

A 独自在家的时候，打开燃气做饭吃。

参考答案：
- 这种行为是错误的。
- 燃气有危险，孩子独自在家的时候不能使用。

B 独自在家的时候，用打火机点燃蜡烛玩。

参考答案：
- 这种行为是错误的。
- 自己在家绝对不能玩火，万一着火后果不堪设想。

C 独自在家的时候,感觉有些害怕,就把家里的灯全部打开,电视机也打开。

参考答案:

- 这种行为是正确的。
- 开灯、开电视机可以缓解孩子的恐惧感。

D 独自在家,拨打 110 报警电话说自己在家里害怕。

参考答案:

- 这种行为是错误的。
- 没有遇到紧急情况,110 报警电话不能随便拨打。
- 如果觉得自己在家害怕,可以跟父母说,或者给朋友电话、视频聊天。

E 独自在家的时候,用沾有水的手去按电器开关。

参考答案:

- 这种行为是错误的。
- 用沾有水的手按电器开关容易触电。

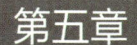

出门在外,安全第一

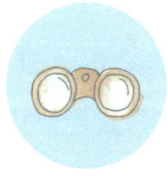

随着年龄的增长,孩子会越来越独立,有越来越多的机会自己出门。此时,父母都十分担心孩子的安全。但是,我们不能够也不可能一直陪伴在孩子的左右保护他们的安全,我们能够做的,是教会孩子自我保护的方法。出门在外,有了这些知识武装自己,孩子才会更安全。

1 出行篇

如果孩子独自出门,稍微远一点的路程就需要乘坐公交车、地铁、出租车等交通工具。孩子在乘坐这些交通工具的时候,要知道怎么安全规范乘坐,怎样应付紧急突发情况,怎样自我保护。

◎搭乘公交车要注意安全

公交车可以说是孩子最常乘坐的交通工具了。小时候跟着父母一起乘坐公交车,长大以后慢慢可以自己乘坐公交车。

但是,孩子在公交车上的"危险动作"真不少,如果孩子经常独自乘坐公交车,父母一定要做好相关的安全教育。

①公交车乘坐规则

·站在安全区域候车。

在站点等公交车的时候,一定要站在人行道上,千万不要站在机动车道上候车。如果站在机动车道上,很容易进入司机的视线盲区,造成安全事故。公交车进站的时候,一定要提高警惕,时刻注意车辆的动向。

·文明礼貌,上下车有序排队,不要拥挤。

当公交车靠站时,不要跟着车走或追,即使车开走了也千万不要在机动车道上追车,否则很容易发生危险。排队有序上车,不拥挤,才能安全有序上车。

·注意不要携带易燃易爆等危险物品乘车。

按照公共交通法规的规定,任何人不能携带易燃易爆的危险物品乘坐公共交通工具。我们常见的易燃易爆物品,包括酒精、烟花、鞭炮、汽油、煤气罐等。父母要教育孩子不能携带这些物品,如果看到别人带了这些危险物品上车,也要及时告诉司机或者安全员。

此外,乘坐公交车时不要坐在司机的旁边,不要随便离开自己的座位在车厢走动,在车辆的行驶过程中不要将身体的任何部位伸出窗外。

②了解公交车里的应急设备

公交车内的公共应急设备主要有安全锤、手提式干粉灭火器和车门控制应急阀。父母需要帮助孩子了解这些应急设备的作用、使用方法和注意事项,孩子在乘坐公交车的时候,一旦遇到有危险,可以沉着冷静面对。

·安全锤。

安全锤是一个特制的锤子。公交车遇到紧急状况不能从车门逃生的时候,可以利用安全锤砸破车窗,让人们安全转移。

安全锤一般放置在车厢内两侧无法打开的车窗旁。

安全锤的使用方法是:拿起安全锤,锤击钢化玻璃的 4 个角,注意不要敲击中心，中间部分最结实，不容易敲破。有些玻璃是贴膜的，玻璃破碎以后不会立即脱落，可以用脚踹开。玻璃脱落以后，要及时有序地跳出车去，转移到安全的地方。

需要注意的是，安全锤只能在车门不能打开的紧急情况下使用，平时一定不能随便乱动。

· 车内手提式干粉灭火器。

每辆公交车上都配有两个干粉灭火器，通常一个放在司机旁边，一个放在公交车的后门。

干粉灭火器的使用方法是：先拿着干粉灭火器站在距离火焰处大约 2 米的位置，如果有风需要站在上风口，拔去保险销，一手紧握喷嘴对准火焰根部，另一手握紧压把开关进行喷射。要对准火焰从近到远反复横扫，直到火完全被熄灭。

同样的，干粉灭火器属于公交车的应急安全装置，没有起火的时候是不能随便动的。

· 车门控制应急阀。

每辆公交车上有 5 个车门控制应急阀，其中 4 个在车内，1 个在车外。车外的车门控制应急阀位于前门的左手边，是一个黄色和红色相间的盒子，旁边清楚地标明"车门控制应急阀"的字样。

车门控制应急阀的使用方法是：打开阀盖，转动旋钮，听到放气的声音，然后再用手向里拉动车门，就可以把车门打开了。使用后将旋钮归位，盖上阀盖，车内就能停止报警。

3 公交车发生事故后的紧急自救法

孩子在乘坐公交车的时候，难免会遇到一些紧急事故。教会孩子一些自救的常识，可以应对意外的发生。

公交车发生碰撞时，最好的应对方式是两手抓紧扶手。如果公交车冲出路面，首先要保持冷静，不要乱动，等驾驶员把车子停稳之后，再按顺序下车，以免引起骚乱造成翻车事故。一定不要在车身不稳的时候下车，以防被压在车下。

如果乘坐的公交车不幸发生侧翻或火灾事故，要在保持冷静的同时，尽快判断出逃生路径，有序下车。如果车门无法打开，不能及时从车门逃生，需要找到公交车前后门上方的应急开关，按照提示方向扳动开关，打开车门。另外，也可以选择从车顶"通风口"逃生，或者取下安全锤，用尖头处垂直朝玻璃的4个角用力敲，砸碎车窗玻璃后逃生。逃出后一定要迅速远离车辆，尽快拨打报警电话。

安全测试

A 乘坐公交车的时候携带鞭炮。

参考答案：
- 这种行为是错误的。
- 鞭炮属于易燃易爆危险品，不能携带着乘坐公交车。

B 随便乱动公交车上的紧急安全装置。

参考答案：
- 这种行为是错误的。
- 公交车上的紧急安全装置只能在紧急情况下使用，平时不能乱动。

C 公交车发生事故后要沉着冷静，利用各种方法逃生。

参考答案：
- 这种行为是正确的。

◎搭乘地铁要当心紧急情况

相对于其他交通工具来说，地铁便捷快速，不会堵车，成为越来越多人的出行选择。孩子乘坐地铁上下学有很多的优点，如班次比较多，不会因堵车导致迟到，换乘也都是在站内完成，换乘过程中不需要过马路，有安全保障。不过，巨大的客流量和复杂的地铁空间，使安全保障成为地铁运营的重中之重。孩子在独自乘坐地铁出行的时候，也要注意地铁的乘车规则，了解地铁里的应急设备，认识地铁里的安全引导标志，掌握地铁发生事故的紧急自救法。

①地铁乘坐规则

·主动配合安全检查。

安全检查是保证地铁安全的重要程序。乘坐地铁时，所有大包小包都要进行安检，如果携带液体，也要拿出来给安检人员检查。这样做是为了保证没有人携带易燃易爆等危险物品乘车，保证大家的乘车安全。

·地铁上不能饮食。

地铁上不能饮食是地铁明确规定的（两岁以内的婴儿除外）。之所以这么规定，是为了给大家提供一个良好的乘车环境。在封闭的地铁车厢内，如果有人吃味道比较大的食物，如韭菜盒子，就会影响他人。另外，吃东西难免掉一些食物残渣到地上，破坏地铁车厢的环境卫生。

・注意不要被车门夹住。

车门快要关闭时，有人会跑着冲进车厢，这种做法是非常危险的。万一被车门夹住，后果不堪设想。

・认识车上和地铁站的安全引导标志。

在地铁车厢和车站里有一些安全引导标志，如安全通道、安全出口等，遇到紧急情况可以引导乘客疏散。

・乘坐电梯不要拥挤。

地铁里都会有电梯，乘坐电梯时，无论是直梯还是自动扶梯，一定不能拥挤，也不能超载，否则容易引发危险。电梯虽然是一种很方便的工具，但是尤其要注意乘坐安全。

②了解地铁里的应急设备

・火灾报警器。

火灾报警器是地铁站里比较常见的应急设备，一般放置在站台、站厅和通道的墙上。地铁里的火灾报警器有击碎玻璃式、拉下手柄式和按压按钮式三种。

火灾报警器的外观是红色的，巴掌大小，正方形或圆形，一般都会有"火警"或"fire"等相关字样。

火灾报警器在发生火灾时使用，只要击碎玻璃，或拉下手柄，或按压按钮，就能第一时间通知车站的工作人员和周边乘客。

・自动扶梯紧急停止装置。

自动扶梯都有紧急停止装置，在自动扶梯发生紧急情况时使用，能让运行的自动扶梯立即停下来。

自动扶梯紧急停止装置位于自动扶梯的两端,也有可能在较长的自动扶梯中间。

自动扶梯紧急停止装置的外观多为形似一元硬币大小的红色圆形按钮,旁边会有"紧急停机"字样。

·紧急停车按钮。

在地铁每侧站台两端的墙上,都会有紧急停车按钮。紧急停车按钮是红色方框,上面标有"紧急停车按钮箱"字样。紧急停车按钮需要在有危及列车或人员安全的情况时使用,让列车停止运行。

紧急停车按钮的使用方法是:用旁边自带的锤子把玻璃击碎,然后再按压按钮3~4秒。

·屏蔽门手动解锁装置。

屏蔽门手动解锁装置在屏蔽门上,一般为绿色按钮或手柄。当列车停稳后,如果屏蔽门无法自动开启,就需要使用屏蔽门手动解锁装置,把屏蔽门打开。

屏蔽门手动解锁装置的使用方法是:根据屏蔽门种类的不同而有所区别,一般需要按下绿色按钮拉开,或扳起、扳开手柄拉开。

·屏蔽门应急门。

屏蔽门应急门处在地铁每侧站台的两端,是横着的一根白色或绿色推杆手柄,上面有"紧急时使用"字样。屏蔽门应急门在列车停稳后没有对准屏蔽门时使用,通过这个应急门,乘客可进入站台。

屏蔽门应急门的使用方法是：用力按压推杆手柄，从而推开屏蔽门应急门。

·地铁安全疏散标志。

在地铁的站台、大厅、通道、出入口、地面都会有安全疏散标志，在黑暗的情况下会有荧光指示效果。

安全疏散标志主要包括：疏散指示标志、疏散导流标志、障碍警示标志、消防器材指示标志、蓄光型安全疏散标志等。它们的功能主要是引导乘客安全有序地乘坐地铁。

③了解地铁里的安全引导标志

④地铁发生事故紧急自救法

·地铁停电时的紧急自救法。

如果乘坐地铁的时候遭遇单纯的停电，并没有其他的事故发生，那么不需要惊慌。如果在停电的时候惊慌乱跑，反而容易引发踩踏事故。

如果停电位置是站台，那么需要站在原地保持冷静，等待工作人员的指引。如果看到有故障照明灯和逃生指示灯亮起，并明确疏散方向，就可以有序地按照指引进行疏散。

如果停电位置是在列车内，需要在原位等待工作人员的解释和指引。一定不能擅自打开车门或者跳下隧道，以免引起骚乱，发生危险。

·地铁火灾的紧急自救法。

如果在地铁发生火灾，最重要的是赶紧撤离。需要注意的是，发生火灾的时候一定不能乘坐自动扶梯和电梯。

如果在站台发生火灾，可以通过附近的"火灾报警器"通知工作人员，然后用湿的手帕或纸巾捂住口鼻，弯腰，快速、有序地从安全出口撤离。

如果是车厢内发生火灾，先要通过"紧急报警按钮"或"紧急对讲按钮"通知工作人员。如果情况允许，可以利用车厢内的灭火器灭火。此时，会有工作人员前来引导疏散，要听从工作人员的指引从"安全疏散门"或"疏散平台"有序地撤离。一定不能自己拉门或砸窗跳车，以免摔伤或触电。

·地铁内发现不明包裹。

不管是在地铁车厢里还是在站台上发现不明包裹,都不要随意捡起翻看。因为这很有可能是危险物品。正确的做法是,马上通知车站的工作人员,并远离包裹。

·有乘客掉下站台。

如果看到他人掉下站台,要马上通知地铁站的工作人员。

如果是自己意外掉下站台,要马上高声呼救,并且尽快逃离隧道。

·有物品掉下站台。

如果在上下车的过程中有物品掉下站台,千万不能自己去捡。正确的做法是,请地铁站的工作人员帮忙。

另外,上下车时站台和列车之间有一定的空隙,一定注意不要踩空踏空,要拿稳自己的物品,避免将其掉落。

安全测试

A 在地铁站等地铁的时候忽然停电,赶紧慌乱地往外面跑。

参考答案:
- 这种行为是错误的。
- 地铁站单纯的停电千万不要惊慌乱跑,容易引发骚乱和踩踏事故。
- 正确的做法是,待在原地,保持冷静,等待工作人员的指引。

B 在地铁站台发现不明包裹,马上通知地铁站工作人员。

参考答案:
- 这种行为是正确的。

C 有物品不小心掉落下站台,自己下去捡。

参考答案:
- 这种行为是错误的。
- 如果在上下车的过程中有物品掉下站台,千万不能自己去捡。
- 正确的做法是,请地铁站的工作人员帮忙。

> **D** 在地铁站台发生火灾,大声呼喊慌乱地往外跑。
>
> **参考答案:**
> - 这种行为是错误的。
> - 如果在站台发生火灾,可以通过附近的"火灾报警器"通知工作人员。
> - 用湿的手帕或纸巾捂住口鼻,弯腰,快速、有序地从安全出口撤离。

◎搭乘出租车要和父母保持联系

①搭乘出租车注意事项

一般来说,孩子出门搭乘出租车最好有成年人陪同。如果孩子已经有能力自己乘坐出租车出行,父母也要做好准备工作,如给孩子小额的车费和手机用于联系。

另外,搭乘出租车还要注意以下几点:

- 不要坐"黑车"。

搭乘出租车一定要坐正规运营的车辆,千万不能坐没有运营资格的所谓"黑车",也不要贪便宜跟他人拼车。

・看到空载车辆直接上车。

看到有空载车辆直接招手拦停之后上车就行了，坐好之后再告诉司机要去哪里。不要上车前先问司机价格，这样会让司机存在侥幸心理，拒载或者不打表漫天喊价。

・上车以后系好安全带。

坐上车以后，不管是坐前排还是后排，第一件事情是系好安全带，保障安全。

・上车以后跟家人电话联系。

坐上车以后，要给家人打个电话，告诉他们所乘坐的出租车车牌和预计到达时间。

・下车后拿好东西。

到达目的地后，下车时要带好随身物品，向司机索取发票，并对司机的服务表示感谢。

②出租车发生事故紧急自救法

搭乘出租车最好不要坐在副驾驶的位置，因为副驾驶是最危险的座位，一旦发生危险，受到的冲击是最大的。坐在后座安全系数更高一些。

出租车发生追尾或者碰撞时，坐在后座的乘客最好的防护办法是，迅速向前伸出一只脚，顶在前面座椅的背面，并在胸前屈肘，双手张开，保护头面部，背部后挺，压在座椅上，也可迅速用双手用力向前推扶手或椅背，两脚用力向后蹬。

安全测试

A 单独乘坐出租车，坐没有运营标志的"黑车"。

参考答案：

- 这种行为是错误的。
- 没有运营标志的"黑车"没有安全保障，绝对不能坐。

B 单独乘坐出租车，坐到后排不系安全带。

参考答案：

- 这种行为是错误的。
- 不管坐在前排还是后排，都要系好安全带。

C 单独乘坐出租车，坐到副驾驶的位置。

参考答案：

- 这种行为是错误的。
- 副驾驶是全车危险系数最高的座位。为了自身安全，最好坐后排座位。

D 单独乘坐出租车，上车以后打电话告诉家人你所乘坐的出租车车牌和预计到达时间。

参考答案：

- 这种行为是正确的。

2 休闲时刻,切莫掉以轻心

周末或者放假的时候,很多父母会带孩子到商场、游乐场等地方玩。商场、游乐场等地方人流量大,在这些人多的场所,父母也要特别注意孩子的安全问题。

◎商场、超市购物

商场、超市是父母经常带孩子去的地方,那里有好吃的,有好玩的,还可以购物,父母和孩子都喜欢去。

不过,商场、超市由于人流量大,人员复杂,场地又大,还有自动旋转门、自动扶梯等的设施,对孩子而言容易造成安全事故。因此,父母带孩子去商场、超市玩的时候,一定要特别注意孩子的安全问题。

①容易发生危险的地方

·自动旋转门。

自动旋转门看起来很好玩,尤其是在孩子的眼里。但是因为这个门是自动旋转的,不停地转,所以一定不能让孩子独自在自动旋转门处玩,他们很容易被旋转的门推倒发生危险。

·自动扶梯。

自动扶梯在孩子的眼里也很好玩,有的孩子甚至长时间乘坐自动扶梯上上下下地玩耍。看起来很好玩的自动扶梯，其实很容易发生危险。乘坐自动扶梯需要靠右侧站稳扶好，不要用手到处抠，并且注意不要将衣服卷到扶梯里；也不要在扶梯上攀爬玩耍，逆行或坐卧在梯级上；另外，不要穿洞洞鞋乘坐自动扶梯，因为洞洞鞋特别柔软，很容易被扶梯卡住。

如果乘坐自动扶梯时发生危险，如衣服卷到了扶梯里，或者手指卷到了扶梯里，要赶紧按下扶梯的紧急停止装置。自动扶梯都配有紧急停止装置，在自动扶梯发生紧急情况时使用，能让运行的扶梯立即停下来。自动扶梯紧急停止装置位于自动扶梯的两端，也有可能在较长的扶梯中间。其外观多为形似一元硬币大小的红色圆形按钮，旁边会有"紧急停机"字样。

· 电梯。

电梯也是很多商场、超市的标配。父母要教会孩子乘坐电梯的基本规则。（详情参见第82页的"电梯内，要懂得自救"）

· 玻璃护栏。

很多商场的玻璃窗边都安装了护栏，用来隔离楼梯、电梯或柜台，而这种玻璃护栏很有可能成为导致孩子高空坠落的安全隐患，一定不能让孩子在这种玻璃护栏处玩耍。

· 购物推车。

购物推车是超市的标配，也是很多孩子喜欢的"交通工具"。有些类型的购物推车可以推孩子，有些类型的购物推车则明确提示不能让孩子坐在里面。

如果是可以坐孩子的购物推车，父母可以让孩子坐在里面，不过一定要坐在标识好的地方并且系上安全带。不能为了图方便而让孩子直接坐在甚至站在购物推车里面。明确提示不能让孩子坐的购物车，一定不能让孩子坐进去。

・超市货架。

超市里基本上都是开放式货架，东西堆得满满当当，如果孩子在货架中追逐打闹，容易把货架上的商品弄掉，甚至把货架推翻，从而引发危险。

・商场里的柜台。

商场柜台的边角锐利坚硬，且高度往往会和孩子的身高差不多，孩子容易碰到头。父母一定要教育孩子不要在柜台间玩耍追逐。

②孩子容易走失的几种情况

商场、超市里走失孩子并不是新鲜事。在这种人流量大的地方，孩子走失是很可怕的事情。万一碰到有心拐走孩子的人，那么想要找回孩子就很难了。因此，在商场、超市一定要注意以下几种情况。

・把孩子放在游乐园。

有的商场、超市有小型游乐场，孩子都很喜欢在游乐园里玩。有的父母看孩子在里面玩得很开心，就自己去购物或者上厕所。这时候如果孩子看不到父母，容易自己跑出来寻找。等父母再回来的时候，就找不到孩子了。

·父母专注于购物。

有的父母专注于购物，觉得孩子会跟着自己走，所以也就不太上心。但是商场人太多，挤来挤去，孩子很容易跟丢。

·孩子到处乱跑。

有的孩子走失，是因为喜欢到处乱跑。在货架超级多的商场、超市，孩子一旦乱跑父母很容易跟丢。

③和父母走失以后怎么办

父母要告诉孩子，如果在商场、超市走失，一定不能自己到处乱跑，也不能跟着不认识的人走。

·找工作人员。

商场、超市里穿统一制服的叔叔阿姨都是工作人员，如果走丢了，可以找他们帮忙。

·找保安。

保安负责商场、超市的安保工作，如果走丢了也可以找他们。

·找警察。

如果看到穿制服的警察，一定要找警察帮忙。

④警惕陌生人的搭讪

如果孩子独自在商场、超市，面对陌生人的求助、搭讪要保持警惕，具体应对办法，可参照前文"陌生人都那么可怕吗"的内容。

⑤**认识商场、超市的各种标志**

父母需要帮助孩子认识商场、超市里的各种标志,如女洗手间、男洗手间、安全出口、结账台、电梯、自动扶梯等。

⑥**遵守商场、超市的相关规则**

无论是在商场、超市购物还是玩耍,都需要遵守一些规则。这些规则一定要跟孩子讲清楚,并且引导孩子一起遵守。

·不吃没有付款的东西。

孩子在超市里看到想要吃的东西,往往不想等到付款就急着吃。这是一种非常不好的习惯。父母一定要跟孩子讲清楚,没有付款的东西不能打开,更不能吃,要等到付款以后才能吃。

·不弄乱货架。

商场、超市的货架往往堆得很满,而孩子看到琳琅满目的商品很好奇,会忍不住拿起来看一看。父母需要提醒孩子,商品看过后,放回去的时候要归回原位,不能弄乱货架。

·不大声喧哗。

在公共场所大声喧哗是不文明的,父母要告诉孩子不要在商场、超市等公共场所大声喧哗。

·不追逐打闹。

商场、超市的地形较复杂,人又很多,要提醒孩子不能追逐打闹。在商场超市追逐打闹,一是容易撞倒货架,二是容易撞到人,三是容易走失。

安全测试

A 逛超市的时候,还没有付款的东西就拆开吃。

参考答案:
- 这种行为是错误的。
- 没有付款的东西不能拆,更不能吃。

B 在超市里跟小伙伴玩捉迷藏。

参考答案:
- 这种行为是错误的。
- 超市里货架上的商品很多,玩捉迷藏一是容易弄倒货物,二是容易走丢。

C 在商场跟家人走失以后找商场的保安帮忙。

参考答案:
- 这种行为是正确的。

D 在电梯里打闹嬉戏。

参考答案：

- 这种行为是错误的。
- 乘坐电梯时要站好，不能打闹嬉戏。

E 在商场运行着的自动扶梯上逆行。

参考答案：

- 这种行为是错误的。
- 在运行着的自动扶梯上逆行是非常危险的行为。

F 在商场的自动旋转门处玩。

参考答案：

- 这种行为是错误的。
- 自动旋转门容易夹到手，也容易把孩子推倒受伤。

◎水中嬉戏

游泳、玩水是很多孩子喜欢的活动。的确,在炎炎夏日泡在凉爽的水里,想想都舒服。另外,游泳对健康也有益处,不仅可以消暑,还能锻炼心肺功能,增加肺活量,强身健体,增强体质,提高免疫力,是一项十分有益的活动。

不过,对于孩子来说,游泳、玩水有多舒服,就有多危险。水里就像有一只看不见的手,稍不注意就会把孩子拉下去,不管有没有游泳圈,不管会不会游泳,都有可能发生危险。据有关部门统计,在中小学生非正常死亡的人数中,溺水的人数约占 $1/3$。

正因如此,每年暑假的安全问题就成为学校和父母关注的重中之重。每到暑假期间,中小学生游泳的安全问题都会成为焦点。不管学校每年在暑假前夕印发多少关于保证暑期安全的提醒和通知,总有一些孩子发生与水有关的意外,让人唏嘘不已。

据有关统计,学生游泳溺亡主要有两大原因:

一是自己的物品掉进水里,下水打捞而导致溺水身亡。

例如,有的小学生在水边玩耍时不慎将书包、文具盒等物品掉落水中,脑子里只想着打捞这些物品而导致溺水身亡。

另一个原因是帮助落水者,结果自己也落水。

有的是救人的孩子本身不会游泳,只是伸手去拉落水的孩子,结果自己也被拉了下去;有的是救助的孩子本身会游泳,但是没有掌握救人的正确方法,被溺水者生生地拖下了水。

据有关部门统计,在每年中小学生溺水的人当中,有一半以上是因为救助落水同伴而溺亡。

因此,对于孩子游泳,父母除了告诫孩子不要游野泳外,还需要让孩子学会基本的自护、自救方法。

① 慎重选择游泳场所

首先,要选择合适的游泳场所。所谓合适的游泳场所,指的是有安全保障的、配有救生员的正规游泳场馆。

不过,正规的游泳场馆也分深水区和浅水区。对于游泳技术比较熟练,身高、年龄达到一定标准的孩子可以到深水区游泳,而对于那些游泳技术不够熟练,身高、年龄没有达到一定标准的孩子来说,只适合在浅水区游泳。

另外,如果选择露天泳池,在没有遮阴的情况下不宜长时间暴晒游泳。因为会被日光灼伤，引起日晒斑。

对于年龄比较小的孩子来说，即使是在有安全保障的正规游泳场所游泳，也必须要有父母的陪同，并且带好救生圈、救生衣等救生设备。

父母一定要教导孩子，绝对不能去没有救生员的非正规游泳场馆去游泳，更不能到无人看管的河道等自然水域去游泳。因为很多自然水域来水看起来好像很浅，很清澈，但是不知道哪里会有暗流涌动，哪里会有水草缠住而不能脱身。另外，尽量不要去湖边、海边、江边、水沟边、池塘边、水库边等危险的地方玩，以防失足滑入水中。

②游泳前应该做的准备活动

除了选择有安全保障、有救生员的正规游泳场馆之外，在游泳之前还需要做好准备活动。严格来说，游泳也是有准入门槛的，对身体健康状况有一定的要求，不是谁都可以尝试的。患有严重心脏病、癫痫病、高血压等疾病，以及患有传染病和皮肤病的人是不宜游泳的，因为这些人游泳可能会加重病情或者将疾病传染给别人。

游泳之前先做一些准备活动，对于游泳者来说是有好处的。

首先，游泳前不要吃得太饱，也不要空腹。

游泳是一项比较耗费体力的运动，需要全身的肢体配合运动，再加上需要克服水的阻力，水温较低，热量散失得比较快，所以游泳时人体的能量消耗非常大。因此，在游泳之前一定不能空腹，应该摄入足量的碳水化合物，如米饭、面条、面包等，还要摄入一些蛋白质，如鸡蛋、瘦肉等。

但是也不能吃得太饱。空腹游泳易出现低血糖、头晕、乏力等症状，而吃得太饱游泳则会影响消化功能，容易出现胃痉挛，甚至呕吐、腹痛等症状。一般来说，建议饭后 1 小时左右进行游泳运动为佳。

其次，跟其他运动一样，游泳之前要做好热身运动。

游泳之前的热身运动并没有严格的规定，可以用少量冷水先冲洗一下身体，让身体适应水温，也可以跳一跳，做一做体操，或慢跑。适当的热身运动可以避免直接入水后出现的心慌、头晕、抽筋等现象。

需要注意的是，在感冒、生病、身体不适或虚弱的情况下不要去游泳。水温太低的时候也不宜游泳。

③溺水后的自救法

选择了正规的游泳场所，进行了合适的热身运动，还是有可能会溺水。因为有时候溺水者并不一定拼命挣扎大声呼救，有的溺水者是悄无声息的，看起来跟正常情况没什么不同，很难被别人发现，所以学会一些溺水后自救的常识非常重要。

· 保持镇定。

溺水后最重要的一点就是保持镇定，不要慌乱，一定要保持头脑清醒。因为一旦心里慌乱，就会六神无主，完全不知道该怎么办了，在水中胡乱踢蹬反而会使身体下沉。

·放松仰泳。

全身放松,就像在仰泳一样,尽量把鼻子露出水面呼吸。这时候千万不要紧张,只有在全身放松的情况下才不会沉下去。万一身体向下沉,可以适当上下摆动腿脚,就能保持面部露出水面。

·深吸浅呼。

记住吸气要深,呼气要浅。即使做不到也要努力做。

·尽力缓解"抽筋"。

所谓"抽筋",实际上就是肌肉痉挛。"抽筋"很多时候是溺水的主要原因。一般情况下,"抽筋"持续的时间不会超过5分钟。如果出现"抽筋",可以用手握住痉挛的肢体,做反复屈伸运动。

注意下面这几点可以帮助游泳者预防"抽筋":

不要过于疲劳,保证充足的睡眠。

下水前先做简单的热身运动,按顺序活动一下头、颈、肩、胳膊、腰、腿、脚趾,让全身都热起来。

下水前在身上泼点冷水,先让身体适应一下水温。

做好心理准备,深呼吸,放松情绪。

游泳姿势也很重要,最好请游泳教练系统地讲解,没有条件的话,可以多学习他人的游泳姿势。

·保存体力。

保存体力对于溺水者来说非常重要。

安全测试

A 去没有救生员的非正规游泳场馆游泳。

参考答案：

- 这种行为是错误的。
- 去没有救生员的非正规游泳场馆游泳，卫生和安全都没有保障。

B 去无人看管的河道、池塘、水库等自然水域游泳。

参考答案：

- 这种行为是错误的。
- 去无人看管的河道、池塘、水库等自然水域去游泳非常容易发生危险。

C 在游泳技术并不熟练的时候擅自去深水区游泳。

参考答案：

- 这种行为是错误的。
- 在游泳技术不熟练的时候，要先在浅水区练习，不能擅自去深水区。

D 小学生在没有父母的陪同下独自去游泳。

参考答案：

· 这种行为是错误的。

· 小学生的年纪小，需要在父母的陪同下去游泳。

E 在露天泳池游泳之前涂抹防水的防晒霜。

参考答案：

· 这种行为是正确的。

F 患有皮肤病的人去游泳馆游泳。

参考答案：

· 这种行为是错误的。

· 患有皮肤病的人去游泳馆游泳会把皮肤病传染给他人。

G 在游泳之前摄入足量的碳水化合物和蛋白质，饭后1小时再去游泳。

参考答案：

· 这种行为是正确的。

H 下水前先做简单的热身运动,按顺序活动一下头、颈、肩、胳膊、腰、腿、脚趾,让全身都热起来。

参考答案:

·这种行为是正确的。

I 在下水前在身上泼点冷水,先让身体适应一下水温。

参考答案:

·这种行为是正确的。

◎参观美术馆、博物馆

如今,美术馆、博物馆已经慢慢地从展览场所变成公共教育场所,成为孩子们欣赏中外艺术、普及审美教育的第二课堂。很多学校会组织去美术馆、博物馆参观,很多父母也会在节假日带着孩子去观展。

因此,父母不要忘记告诉孩子参观美术馆、博物馆的注意事项:

·自觉排队,有序进入。

·小朋友入场需成年监护人陪同参观。

·禁止携带饮料和食物,更不能在展厅内饮食,包括口香糖及其他零食。在展厅内会吃东西是不对的,食物的气味飘在展馆内影响他人观展，甚至还会对展品造成不好的影响。如果要吃东西或者喝水，可以去展厅外的休息区。

·禁止携带有明显异味的物品，包括食物、用品、工具等。

·禁止携带任何易燃易爆及具有危险性的管制类物品等。

·禁止携带任何年龄段使用的代步工具，包括折叠式自行车、踏板车、滑板车、滚轮鞋等。婴儿手推车及轮椅除外。

·禁止携带宠物，导盲犬等工作类或服务类的动物除外。

·禁止携带大型箱包以及其他体积超限类的物品。

·禁止携带无线遥控类设备及玩具。

·禁止携带雨伞、雨具。

·要衣冠整洁。

·参观时与展品保持一定距离，不能触摸、攀爬艺术品，自觉爱护展品及设施。孩子好奇心强，总喜欢离展品更近一些，忍不住想伸出手摸一摸。父母一定要提醒孩子，展品不能用手去触摸，即便是复制品也不要触摸。很多展品前有围栏或挡线，有的隔离设施被放置在很低位置，不易被注意到，这时要格外提醒孩子和展品保持距离，这样也能保证自己的安全。

·自觉维护馆内卫生。

·在有禁止标志的展厅或区域，禁止拍照及摄像。在允许拍照的地方，禁用闪光灯、自拍杆及三脚架等辅助器材。

·馆内非对外开放区域，未经许可请勿入内。

·馆内禁止喧哗、奔跑、打闹或其他影响他人正常观展的行为。孩子常因为过于兴奋而蹦蹦跳跳，时不时会将展厅当成玩乐现场，父母一定要在观展前告诉孩子，展厅内观展一定要做到脚步轻轻，话语轻轻，保持安静，不打扰他人。在美术馆、博物馆里喧哗是最不合适的，父母可以轻声提醒孩子。和老师、同学集体参观时，有特殊需求可以举手示意。

·退场后禁止再次入场。

·保持安静，不大声说话或讨论展品，有讲解要专心听。

·手机设置为静音，如果有电话要到展厅外低声接听。

·禁止乱涂乱画。有些孩子从小就喜欢在墙上乱涂乱画。父母一定要及时教育孩子，在展厅里乱涂乱画造成的危害不仅会响到整个展厅的现场美观，更是一种不尊重他人劳动成果的表现。有的孩子在展览品上乱画还会毁坏作品，造成高额损失。

·如遇停电、火灾等突发事件，要保持冷静，听从展厅工作人员的引导和安排。

安全测试

A 在美术馆、博物馆参观的时候，在展厅的墙上乱涂乱画。

参考答案：
- 这种行为是错误的。
- 在展厅里乱涂乱画，不仅影响到整个展厅的现场美观，更是一种不尊重他人劳动成果的表现。甚至有的孩子在展览品上乱画还会毁坏作品，造成高额损失。

B 在美术馆、博物馆参观的时候，因为过于兴奋而蹦蹦跳跳。

参考答案：
- 这种行为是错误的。
- 在展厅内观展一定要做到脚步轻轻，话语轻轻，保持安静，不打扰他人。

C 在美术馆、博物馆参观的时候，如果遇到停电、火灾等突发事件，要保持冷静，听从展厅工作人员的引导和安排。

参考答案：
- 这种行为是正确的。

D 在美术馆、博物馆参观的时候,在禁止拍照的展厅拍照并且打开闪光灯。

参考答案:
- 这种行为是错误的。
- 在有禁止标志的展厅或区域,禁止拍照及摄像。在允许拍照的地方,禁用闪光灯、自拍杆及三脚架等辅助器材。

E 在美术馆、博物馆参观的时候,在展厅内吃东西。

参考答案:
- 这种行为是错误的。
- 在展厅内吃东西是不对的,食物的气味飘在展馆内会影响他人观展,甚至还会对展品造成不好的影响。如果要吃东西或者喝水,可以去展厅外的休息区。

F 在美术馆、博物馆参观的时候,与展品保持一定距离,不触摸、攀爬艺术品,自觉爱护展品及设施。

参考答案:
- 这种行为是正确的。

G 在美术馆、博物馆参观的时候,专心听讲解员讲解。

参考答案:
- 这种行为是正确的。

◎游乐场游玩

随着时代和科技的发展,各种各样的儿童游乐场层出不穷,大大小小、不计其数。就游乐项目来说,水上游乐设施类、观览车类、过山车类、碰碰车类、滑行车类、陀螺类、飞行塔类、转马类、赛车类等应有尽有,孩子们大都喜爱。

不过,这些项目很多都具有快速、翻滚、高空旋转等特征,容易使人头晕目眩、胆战心惊。还有些游乐项目具有一定的冒险性。另外,游乐场的资质也是参差不齐,质量难以保证。

对于孩子来说,他们只知道这些游乐项目好玩、刺激,有强烈的体验意愿,却不知道安全的重要性。因此,父母带孩子到游乐场游玩的时候,一定要注意下面几点:

①选择正规的游乐场所

面对各种各样的游乐场所,正规、安全、有保障,应该是父母为孩子选择游乐场所的首要标准。只有选择在正规的游乐场所游玩,才能最大限度地保证孩子的安全。

根据《特种设备安全监察条例》规定,游乐项目必须经过批准,并正式公布"游乐须知""游乐规程"等规章制度,还要在入口处设置正规的警示牌,游乐设施必须定期检验合格才能使用。另外,一定要选择配有安全保险装置,并提供人身意外保险的游乐项目。

选择了正规的游乐场所,安全问题也不容忽视。

比如，蹦床，这是一种孩子经常玩也非常喜欢玩的游乐设施。对于蹦床游戏来说，保护孩子的关键在于缓冲，也就是说，蹦床的网布质量是关系到其安全系数的重要因素。父母可以用手去反复按压一下蹦床的网布，检查其是否完好以及软硬度是否合适。还有玩蹦床时给孩子用的弹力绳，也是为了保护孩子安全的，一定要仔细检查。

有专家表示，制作蹦床的橡胶丝使用久了都会有磨损，正常情况下最多只能拉伸 10 万次，按规定半年左右就要更换。

因此，在不确定网布和弹力绳是否合格的情况下，父母还是要慎重选择。

再比如，充气城堡。充气城堡看起来很可爱、很有趣，可以做成各种各样的造型吸引小朋友。但是，不要以为这种可爱又很柔软的充气城堡就没有安全隐患。

因为是充气的,稍微大一点的露天充气城堡存在被大风吹到的风险,所以选择玩露天的充气城堡,一定要先确定它有牢固的固定装置,以及当天没有三级以上的大风。另外,充气城堡的卫生问题和防火问题也需要重视。因此,父母带孩子去玩充气城堡时,一定要谨记"四不玩":

一是未加固定的充气城堡不玩。

二是四级以上的大风天不玩。

三是人太拥挤的充气城堡不玩。

四是气压不足的充气城堡最好不玩。

②父母最好带着孩子一起玩,一定要遵守游乐场的安全规定

游乐场的很多游玩项目都是适合父母带孩子一起玩的。可能有的父母觉得这些游乐项目是给孩子玩的,不好意思一起玩,实际上父母带孩子一起玩有很多好处,比如,促进亲子之间的亲密关系以及及时发现问题,并保护孩子的安全等。

③孩子在玩每一个游乐项目之前，父母都要先认真阅读相关的游戏说明和要求，要帮孩子选择适合他身高、年龄的项目来玩，不能任由孩子自己选择

④参加每一项游玩活动时，都要严格按照规定采取保护措施，如系好安全带、锁好防护栏等。另外，在游乐设施开启后切记不要打闹或者做出一些危险的举动

⑤孩子在玩每一个游乐项目之前，父母都要仔细检查游乐设施的状况。如果发现有容易卡住孩子手指、胳膊或者腿的缝隙，需要引起注意——能更换的尽量更换，不能更换的，孩子在玩的过程中，父母要特别留意，随时进行保护

⑥孩子在玩充气类设施的时候，身上不能携带坚硬的物品，以免划破气垫或者伤到自己

⑦如果碰到突发停电导致设备悬空时，告诉孩子一定不要乱动，要耐心等待管理人员处理和救援

⑧游乐设施在运行中，如果发现孩子发生晕眩等身体不适情况，要马上与管理人员联系

⑨告诫孩子，在游乐设施运行的过程中，千万不能自己解除安全防护装置，一定要等游乐结束、游乐设备停稳之后，才能解除防护，离开设备

⑩孩子在游乐场玩耍的过程中，父母一定要全程陪伴，不能让孩子脱离自己的视线

安全测试

A 游乐设施运行的过程中和身边的朋友打闹。

参考答案：

- 这种行为是错误的。
- 游乐设施运行的时候一定不要打闹，否则容易发生危险。

B 游乐结束，游乐设备还没停稳就自己解开安全带，离开设备。

参考答案：

- 这种行为是错误的。
- 游乐设施运行的过程中，千万不能自己解除安全防护装置。一定要等游乐结束、游乐设备停稳之后，才能解除防护，离开设备。

C 在玩充气类设施的时候，身上带着一些坚硬的东西。

参考答案：

- 这种行为是错误的。
- 在玩充气类设施的时候，身上不能携带坚硬的物品，以免划破气垫或者伤到自己。

D 在游乐场选择不适合自己年龄和身高的游乐项目玩。

参考答案：

- 这种行为是错误的。
- 每一个游乐项目都对游玩者的年龄和身高等做出了具体的规定，选择不适合自己年龄和身高的游乐项目存在很大的安全隐患。

E 在大风天玩室外的充气城堡。

参考答案：

- 这种行为是错误的。
- 室外充气城堡有被大风吹翻的隐患，大风天气不要玩。

第六章

面对校园暴力，不要怕

所谓校园暴力，指的是幼儿园儿童以及学龄儿童、青少年在学校所遭受到的暴力。

一提到暴力，人们想到的往往就是身体暴力。但是，对于校园暴力而言，不仅仅包括身体暴力，还包括语言暴力和社交欺凌。

1 校园暴力的特征

和其他暴力行为不同,校园暴力具有隐蔽性、广泛性和长期性三个特征。

① 隐蔽性

校园暴力具有一定的隐蔽性。由于加害者和受害者都是孩子,而孩子处理问题的方式是很不成熟的,因此很多的校园暴力行为具有很大的隐蔽性,老师和父母都是不知道的。

那么,面对有一定隐蔽性的校园暴力,除了学校和老师需要多加注意之外,父母更要在日常生活中留意孩子的情绪,一旦发现异常,要及时了解情况并解决问题。

② 广泛性

说到校园暴力的广泛性,可能很多人会说"不至于吧,校园暴力应该只是少数"。这也就是为什么说校园暴力具有一定的隐蔽性的原因之一。很多校园暴力发生后,除了当事人知道,并没有其他人知道。

有研究表明,在中小学生中,20%~60%的人曾经遭受过校园暴力的伤害。某电视台曾经在2016年公布过一个关于校园暴力的调查数据:在我国遭遇校园暴力的学生中,大约80%遭受

过扇耳光、脚踢和语言暴力，这些校园暴力29%发生在教学楼或教室，42%发生在空旷的地方。

③ **长期性**

校园暴力由于它的隐蔽性，很多时候并不为人所知。受害者不敢说，加害者也就更加肆无忌惮。因此，很多校园暴力是长期存在的。

2 校园暴力的类型

①身体暴力

所谓身体暴力,顾名思义就是身体所遭受到的暴力对待,如推搡、脚踢、殴打,甚至扒光衣服等。

遭受身体暴力的孩子是最容易被确认的。一般来说,孩子的身体会有明显的轻伤或者重伤,孩子的物品和衣服也会遭到或轻或重的破坏和损毁。而在心理方面,遭受身体暴力的孩子会出现失眠、焦虑、惊恐、抑郁的情况,甚至有自杀倾向。

②语言暴力

语言暴力也是属于校园暴力的一种,常见的有讽刺、挖苦、威胁、侮辱、谩骂、恶意中伤等。

面对语言暴力,因为它并不像身体暴力那样有非常明显的外在伤害,甚至很多施暴者还会把自己假扮成正义的、正确的一方,孩子很容易误认为是自己做得不好才导致的,从而产生自卑、焦虑等情况。

③社交欺凌

所谓社交欺凌,是在社交方面施暴者对受害者进行歧视、孤立、排挤,如制造一些麻烦给受害者,破坏受害者朋友之间的关系,使之无法进行正常的人际交往。

遭受社交欺凌的孩子，往往会有焦虑、失眠甚至抑郁的情况发生，还会影响学习成绩，发生厌学、逃学等现象。

④这些并不是校园暴力

需要指出的是，孩子在学校生活中有着各种各样的互动，有些互动很容易被误认为是校园暴力，如同学之间有矛盾、同学之间游戏打闹等。父母在应对的时候要注意辨别。

同学矛盾在学校生活中是比较常见的。由于一些小事，孩子之间会产生矛盾。但是同学矛盾多表现为互不理睬，并不会产生明显的伤害，无论是身体上的还是心理上的，都没有。

同学之间的游戏打闹也有可能被误认为校园暴力。的确，游戏打闹有时候也会造成身体上的伤害，但是这和校园暴力有着本质上的区别。游戏打闹不是有意造成伤害，只是在玩闹的过程中由于孩子的力度掌控不到位或者出现意外情况而引起的。另外，游戏打闹有可能会造成身体上的伤害，却不会造成心理伤害。

3 遇到校园暴力,怎么办

① 注意孩子的反常情况

对于遭受校园暴力的孩子而言,父母及时发现是很重要的。有的孩子会因为种种原因不愿意及时、主动告诉父母,这时候就需要父母能够及时发现孩子隐藏的情绪。

如果发现孩子有下列情况发生,父母需要引起重视,了解孩子是不是遭遇了校园暴力:

- 找各种理由或者借口不去学校。
- 回家的时候情绪不佳。
- 回家的时候身上有伤痕。
- 回家的时候衣服被扯坏或者弄脏。
- 经常丢失钱财。
- 物品经常被破坏。
- 变得胆小或者脾气不好。
- 学习成绩忽然下降。
- 失眠。

② 及时跟学校和老师沟通

如果父母发现孩子遭受了校园暴力,一定要第一时间跟学校和老师取得联系,及时沟通,冷静处理问题。

父母在处理此类问题的时候,一定要具体问题具体分析。既不能一味地忍气吞声，认为学校和老师不能惹，自己家孩子可能也有问题，也不能将问题放大，抓住一点小事不放手。

如果是严重的暴力行为，那么肯定要在第一时间报警，并且跟学校和老师取得联系，追查到底。

如果是孩子之间的小打小闹，最好是在学校和老师的协调之下尽量妥善解决。

如果是自己家孩子被孤立，也要跟老师及时沟通交流，并且帮助孩子融入集体，交到朋友。

③提前进行防暴力侵害教育

如果父母从一开始就给予孩子十足的安全感和正确的社交引导，会大大降低孩子遭受校园暴力的概率。如果孩子遭遇了校园暴力，也一定会第一时间告诉父母，向父母求助，绝对不会存在不敢说的情况。

孩子第一次到游乐场所玩，第一天上幼儿园，第一天上小学，他在每一个新环境中都有可能遭遇暴力的侵害。因此，父母提前对孩子进行防暴力侵害教育是非常重要的。教会孩子遵守秩序，不要轻易与他人发生冲突，不要硬碰硬，有麻烦及时找父母或者老师帮忙解决，遇到暴力大声说"不"，并且往人多的地方去，这种教育对于孩子来说，都是非常重要的。

另外，父母给孩子百分之百的安全感和信任感，才能让孩子在遭受暴力之后第一时间告诉父母，寻求帮助。平时多跟孩子聊天，聊聊他的学校、老师、同学、朋友，如果他有困惑多帮他支支招，这样既能及时发现问题，也能增强孩子对父母的信任感。如果父母平时不将孩子的话放在心上，出现问题也总是找孩子的麻烦，那么孩子就会觉得找父母帮忙是没有用的，甚至还会遭到父母的指责和批评，在这样的情况下孩子就可能多次、长期遭遇校园暴力，而找不到解决的办法。

④帮孩子交朋友

很多遭遇校园暴力的孩子在人际交往方面有短板，没有朋友，或者被孤立导致独来独往，而越是这样，孩子就越容易成为校园暴力的受害者。因此，帮助没有朋友的孩子交朋友，是需要父母做的一件很重要的事情。

首先，要跟孩子讨论一下现状。如果没有朋友这件事情对于孩子来说很困扰，但是孩子又不知道问题到底出在哪儿，就需要父母帮忙厘清思路，并找到解决的办法。和孩子讨论清楚友谊是什么？他希望拥有什么样的友谊？对于友谊要怎样去维护？

然后，父母要跟孩子一起商量对策，如可以邀请同学到家里玩，或者父母创造一些孩子和同学一起活动的机会，观察孩子之间的互动，并教孩子一些交朋友的技巧。

⑤ 带孩子一起放松心情

对于遭受校园暴力的孩子来说，除了需要父母和老师及时帮助解决遭受暴力的问题，还需要接受心理疏导，解决心理问题。

当然，如果是比较严重的心理问题，需要专业的心理医生来帮助解决。如果不是很严重，父母可以带孩子一起做一些好玩的事情，有利于孩子放松心情。例如，去看场电影，到景色优美的地方散步、聊天，或者出门旅游，一起种种花草，一起画画，一起读一本有趣的书，做一件平时不会去做的好玩的事情等。

安全测试

A 如果被打伤流血，要及时找老师和校医寻求帮助。

参考答案：
- 这种行为是正确的。
- 回家后一定要及时告诉父母，让老师和父母帮助解决问题。

B 上学路上遭遇高年级同学拦路欺负，不敢跟任何人说。

参考答案：

- 这种行为是错误的。
- 遇到这种问题，如果不能快速跑到人多的地方，就不能直接硬碰硬，但是事后一定要及时告诉父母和老师，并寻求帮助。

C 放学路上看到小同学被欺负，装作没看见。

参考答案：

- 这种行为是错误的。
- 遇到这种情况不能自己独自上前帮忙，要赶紧找父母或者老师来解决问题，或者找过路的大人帮忙。

D 如果遭到同学的殴打，不能留在原地任人欺负，要勇敢地大声说"不"，有机会果断跑开。

参考答案：

- 这种行为是正确的。